"十四五"普通高等教育环境设计专业规划教材

居住空间设计

王新福 —— 编著

Living Space Design

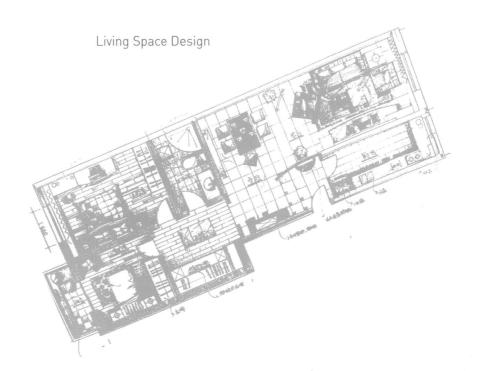

西南大学出版社

国家一级出版社 全国百佳图书出版单位

图书在版编目（CIP）数据

居住空间设计 / 王新福编著 . — 2 版 . — 重庆：
西南大学出版社，2022.7（2024.11 重印）
　　ISBN 978-7-5697-1556-9

　　Ⅰ . ①居… Ⅱ . ①王… Ⅲ . ①住宅－室内装饰设计
Ⅳ . ① TU241

　　中国版本图书馆 CIP 数据核字 (2022) 第 110303 号

"十四五"普通高等教育环境设计专业规划教材
丛书主编：郝大鹏　　丛书执行主编：韦爽真
居住空间设计
JUZHU KONGJIAN SHEJI
编　　著：王新福

选题策划：鲁妍妍
责任编辑：鲁妍妍　杜珍辉　龚明星
责任校对：邓　慧
书籍设计：UFO_ 鲁明静　汤妮
排　　版：张　艳
出版发行：西南大学出版社（原西南师范大学出版社）
地　　址：重庆市北碚区天生路 2 号
印　　刷：重庆长虹印务有限公司

成品尺寸：210mm×285mm		印　张：8		字　数：201 千字
版　次：2022 年 7 月第 2 版		印　次：2024 年 11 月第 3 次印刷		

书　号：ISBN 978-7-5697-1556-9
定　价：65.00 元

序

郝大鹏

环境艺术设计市场和教育在内地已经喧嚣热闹了多年，时代要求我们教育工作者本着认真负责的态度，沉淀出理性的专业梳理，面对一届届跨入这个行业的学生，给出较为全面系统的答案。本系列教材就是针对环境艺术设计专业的学生而编著的。

编著这套与课程相对应的系列教材是时代的要求，是发展的机遇，也是本学科走向更为全面、系统阶段的挑战。

它是时代的要求。随着经济建设全面快速的发展，环境艺术设计在市场实践中一直是设计领域的活跃分子，它创造着新的经济增长点，提供着众多的就业机会。广大从业人员、自学者、学生亟待一套理论分析与实践操作相统一的，可读性强、针对性强的教材。

它是发展的机遇。大学教育走向全面开放阶段，从精英教育向平民教育的转变使得更为广阔的生源进到大学，学生更渴求有一套适合自身发展、深入浅出，并且与本专业的课程能一一对应的系列教材。

它也是面向学科的挑战。环境艺术设计的教学与建筑、规划等不同的是它更具备整体性、时代性和交叉性，需要不断地总结与探索。经过二十多年的积累，学科发展要求走向更为系统、稳定的阶段，这套教材的出版，对这一要求无疑是有积极的推动作用的。

因此，本套系列教材根据教学的实际需要，同时针对教材市场的各种需求，具备以下的共性特点：

1. 注重体现教学的方法和理念，对学生实际操作能力的培养有明确的指导意义，并且体现一定的教学程序，使之能作为教学备课和评估的重要依据。本套教材从培养学生能力的角度分为理论类、方法类、技能类三个部分，细致地讲解环境艺术设计学科各个层面的教学内容。

2. 紧扣环境艺术设计专业的教学内容，充分发挥作者在此领域的专长与学识。在写作体例上，一方面清楚细致地讲解每一个知识点及其运用范围，以及知识点之间的传承与衔接；另一方面又展示教学的内容、学生的领受进度，形成严谨、缜密而又深入浅出、生动的文本资料，成为在教材图书市场上与学科发展紧密结合、与教学进度紧密结合的范例，成为覆盖面广、参考价值高的第一手专业工具书与参考书。

3. 每一本书都与设置的课程相对应，分工细腻、专业性强，体现了编著者较高的学识与修养。插图精美、说明图例丰富、信息量大，博采众家之长而又高效精干。

最后，我们期待着这套凝结着众多专业教师和专业人士丰富教学经验与专业操守的教材能带给读者专业上的帮助，也感谢西南师范大学出版社的全体同仁为本套图书的顺利出版所付出的辛勤劳动。预祝本套教材取得成功！

2008 年 1 月于重庆虎溪大学城

前言

中国人民的衣食住行，在最近几十年发生了巨大的变化，我们明显感受到，每五年，中国人民的居住环境，就在演绎着一场实质性的变革。人们对居住空间以及生活的条件，要求越来越高，越来越丰富和美好，其具体体现在，一是对生活环境和质量的追求，二是对文化审美的向往，三是对精神生活的渴望，四是对物质需求的理解。作为设计师和艺术教育家，我强烈感受到，中国又一个生活方式的"盛唐时期"已经到来。中国民众的生活概念，对衣、食、住、行的日常排序进行分析，"住"为第三位。然而评价一个家庭或者一个家族的生活质量的好坏，一直以居室为先。可见"住"更多的是精神层面上的东西。吃饱穿暖后"住"就成了一种享受。这种享受就必然对"设计"提出更高的要求。

居住空间设计，是中国高校环境艺术设计专业的一项重要课程，是城市规划和建筑设计的延伸和拓展。人类以家庭为单位的居住方式，催生了居住内外空间设计行业的兴旺。居室设计品质的好坏，直接影响民众对居住环境的生理与心理、物质与精神的需求。如何更为科学地利用、调节和充实室内与室外环境，已经转变为一种社会经济的行业，正在蓬勃地壮大与发展。

居住空间设计是一种特殊的商业行为，设计者根据不同的家庭需要，不断设计出与时俱进、开拓创新的空间环境。设计人员因为其自身具有的艺术属性，建设性地寻求与更新不同的空间环境，以丰富人类多样化空间环境的居住需求。居住空间设计的目标任务是丰富而多变的，它需要培养大量知识面宽、综合素质强、具有实践性能力和创新型思维的设计人才。

居住空间设计的人才培养，是一项涉及专业领域较为广阔的系统工程。它牵涉纯艺术、艺术工艺和社会科学等众多领域的学科内容，具备多学科交叉、渗透、融合的特点。在中国高等院校，居住空间设计在其环境艺术设计学科之中，已经形成了较为完善的教学体系与学科内容。

本书，是基于编者多年的教学经验与学科实践，在培养了众多学生的基础上，经过反复修改编写完成的。本书从居住空间设计基本知识开始，循序渐进地推向其主题。书中所撰写的内容，涵盖了世界的居住历史、人类居住的目标定位、一般大众的审美要求、艺术思潮与人文观念、空间美学与现代艺术的表现形式等。

本书立足于实际教学，着眼于行业发展，力求最大限度地提高学习者的理论水平和实践能力；强调理论与实践并重的原则，案例教学与艺术设想相互设计与穿插，突出以设计实践案例来验证理论的思想；推崇设计概念中所包含的时代特征和时尚导向，组建出一套立体化的教学思想体系。

本书在编著过程中重点突出了以下特点：

1．简明扼要地概述了居住空间的设计概念与设计内容，引导读者自主练习与构架空间组织形式及界面处理；强调居室物理环境、家具陈设与绿化设计的训练；通过图文并茂的编写方式，具体介绍居住空间设计的户型与对象；引导读者在多角度学习居住空间设计风格和流派的同时，从理论上具体学习与熟练掌握居住空间设计的原则。

2．简述了居住性建筑的设计理念与发展历史，预示与展望了居住空间设计的未来发展方向。有条理地指出居住空间设计程序和方法，具体区分空间组织的界面处理与空间设计的区域划分等。从空间组织出发，确定居室照明与灯具的合理安排与应用。注重空间设计色彩的运用规律与属性，有意识地培养学习者了解与熟练应用装饰材料的特殊方式。要求学习者在学习居住空间设计的同时，学习好家具与室内陈设的设计。了解与掌握居室绿化设计的安排与布置等设计要素。

3．本书是中国高等院校环境艺术设计专业学科的学习教材，同时可以作为专业人士的参考用书，还可以作为其他相关人员的自学教材。

本书由于所涵盖的范围较广，不完善之处在所难免，希望相关专家和广大读者提出宝贵意见，以便让本书更加臻于合理。希望本书对环境艺术的发展能够起到积极的作用，给读者与学习者带来更多帮助。

目录

1

居住空间设计基本知识

1　居住空间设计基本知识

居住空间是人类群居生活的一种直接写照，它以家庭为背景，以环境为依托，综合了人居行为的一切生活理念。而现代居室是科学的机能与机械产物的艺术结晶。随着时代的进步，人们对居室的要求不仅仅停留在物质层面的满足上，而更多的是追求一种安全、舒适和温馨的家居环境，"家"的概念已经融入更多的精神和内涵。(图1-1)

第一节 居住空间设计概念与内容

一、居住空间设计概念

要理解居住空间设计，首先必须对室内设计有一定了解。室内设计又称室内环境设计，是人为环境设计的一个部分，是建筑内部理性创造的一个方法。其含义为运用一定的物质技术手段与经济能力，以科学为功能基础，以艺术为表现形式，根据对象所处的特定环境，对内部空间进行创造与组织的理性创造活动，形成安全、卫生、舒适、优美的内部环境，满足人们物质功能和精神功能需要。室内设计以空间性为主要特征，不同于以实体构成为主要目的的一般建筑和造型设计。涉及建筑学、社会学、心理学、人体工程学、民俗学、结构工程学等多种学科领域，要求运用多学科知识，综合进行多层次空间环境设计。

室内设计从建筑设计的类同性上划分，可分为居住建筑室内设计（居室、公寓、宿舍），公共建筑室内设计（文教、医疗、商业、旅游、体育、交通、科研等），工业建筑室内设计（厂房）和农业建筑室内设计（农业生产用房）四类；根据使用范围分，可分为人居环境设计和公共空间设计；按照空间使用功能分，可分为居住空间设计，商业室内空间设计，办公室内空间设计，旅游空间设计等。

居住空间设计对象以各类居室为主，是室内设计的一部分，内容主要包括平面布置，空间组织，围护结构表面（墙、地面、门窗等）的处理，照明的运用以及室内家具、织物、装饰品、植物的陈设等。居住空间设计具有室内设计所具有的综合艺术与现代科学技术、材料工艺整合协调的全部特征；也有自身的一些特点，如空间小而注重私密性和多功能性，对独特性、合理性、实用性和舒适度要求高。居住空间比公共空间更贴近人们的生活，人们的起居饮食与待客娱乐尽在其中。据统计，人在一生中，有一半以上的时间是在居住空间里度过的，随着人们生活水平的不断提高，现代居室装修已占到装修行业一半以上份额。从这个角度看，居住空间设计可称为室内设计领域的半边天。

二、居住空间设计内容

居住空间，作为人类生存活动的大本营，应为人们提供一个安全、健康的栖息之地。由于人们所处的环境、社会、经济条件决定的价值观念以及审美要求的不同，其社会模式以及生活方式存在着很大差异。因此，居室室内设计内容千变万化、异彩

图1-1 家

纷呈。但概括起来，居住空间设计可以包括以下几个方面：

（一）室内空间组织

居住空间是由多个不同空间组成的，每个空间存在不同的功能区，每个功能区需要有与之相适应的功能来满足人们在室内的需求。一个完整的人居空间，其功能就是能让人在里面进行较高质量的休息睡眠、学习工作、待客娱乐、下厨进餐、洗、漱、卫、浴等不同的活动。

设计师通过调整空间的形状、大小、比例，决定空间开敞与封闭的程度，在实体空间中进行空间的再分隔，解决多个空间组合过程中出现的衔接、过渡、统一、对比、序列等问题，从而有效利用空间，满足人们的生活和精神需求。

（二）界面处理

居室界面处理就是对围合成居住空间的地面、墙面、隔断、天面进行处理。其处理既有功能和技术上的要求，又有造型和美观上的要求。同时界面处理还需要与居室内的设备、设施密切配合，如界面与灯具的设置，界面与音箱的配置等。

（三）居室物理环境设计

在居住空间中，要充分考虑室内良好的采光、照明、通风和音质效果等方面的处理，并充分协调室内环境、水电等设备的安装，使其布局合理。

采光：有可能做到自然采光的室内，尽量保留可调节的自然采光，这对提高工作效率、维护人的身心健康等方面有很大的好处。

照明：依据国家照明标准，提供合适的工作照明、艺术照明以及安全照明，并配合居室设计处理选定室内照明灯具。

通风：主要以做好室内自然通风为前提，依据地区气候和经济水平，按照国家采暖和空气制冷标准，设计出舒适、经济、环保的居室空气标准。

音质：根据室内特定音质标准，保证居室声音清晰度和合理的混响时间，并根据国家允许的噪声标准，保证室内合理、安静的工作生活环境。

（四）居室家具陈设设计

包括设计和选择家具与设施，并按使用要求和艺术要求进行配置。设计和选择各种织物、地毯、日用品和工艺品等，使它们的配置符合功能要求。

（五）居室绿化设计

人们在完成一天的工作后渴望回到家好好休息，而绿色因能减轻疲劳，从而令人向往。绿化日益成为居室设计要素之一。将绿色引进室内，不仅可以达到内外空间过渡的目的，还可以起到调整空间、柔和空间、装饰美化空间、协调人与自然环境之间关系的作用。

第二节 居住空间设计目的和依据

居住空间设计的目的就是使居室内各个空间的功能使用合理，创造出一个良好的室内环境，让人们更好地生活、工作和学习。要实现这个目的，就必须确定人对居住环境的普遍需求内容与需求范围，这就是居住空间设计的依据。

居住空间设计是围绕人的"住"展开的，人在居住时的需求可以概括为物质和精神两方面的内容。

物质方面主要是指人在居住空间里所需要的特定使用功能和物理环境功能。例如：厨房的功能包括人所需要的活动空间，物品的存储空间；洗涤所需要的给排水；做饭需要的操作台、炉灶、排油烟装置；厨房的地、墙材料需要防水、耐磨、易清洁和环保等功能。

精神方面主要是指一般审美需求与心理环境需求。一般审美需求是人对室内空间形态、室内设施形态以及构成空间、构成室内设施和陈设的材料、色彩和肌理质感在室内采光照明下的审美感受。心理环境主要指室内空间环境的尺度感和外界形态、色彩、明暗及其象征意义上对人的心理压力。

图1-2 单元式居室"上海万科四季花城"

图1-3 公寓式居室"广州万科金域蓝湾"

图1-4 花园式居室"东莞常平万科城"

图1-5 跃层式居室"万科厦门金域蓝湾"

第三节 居住空间设计对象

居室是人们赖以生存的，最基本也是最重要的生活场所，它随着人类社会的进步而发展。室内设计师应首先研究家庭结构，生活方式和习惯，以及地方特点，通过多样化的空间组合形成满足不同生活要求的居室。居住空间设计对象可分为五类：

一、单元式居室

是指除卧室外，包括起居室、卫生间、厨房、厕所等辅助用房，且有上下水、供暖、燃气等设施，设备齐全，可以独立使用的住房，一般是指成套的楼房。(图1-2)

二、公寓式居室

它是区别于独院独户的西式别墅而言的。公寓式居室一般建筑在大城市里，多数为高层大楼，标准较高，每一层内有若干单户独用的套房，包括卧室、起居室、客厅、浴室、厕所、厨房、阳台等。还有的附设于旅馆酒店之内，供一些经常往来的客商及其家属短期租用。(图1-3)

三、花园式居室

一般也称中式别墅或西式洋房或花园别墅，通常都是带有花园草坪和车库的独院式平房或二三层小楼，建筑密度很低，内部居住功能完备，装修豪华，富有变化，居室水、电、暖供给一应俱全，户外道路、通信、购物、绿化也都有较高的标准，一般为高收入者购买。(图1-4)

四、跃层式居室

指居室占有上下两层楼面，卧室、起居室、客厅、卫生间、厨房及其他辅助用房可以分层布置，上下层之间的交通不通过公共楼梯而采用户内独用小楼梯连接。其优点是每户都有较大的采光面，通风较好；户内居住面积和辅助面积较大；布局紧凑，功能明确，相互干扰较小。(图1-5)

五、连排花园式居室

一般也称中式连排别墅或西式连排洋房或花园连排别墅，通常都是带有花园草坪和车库的连排式平房或二三层小楼，内部居住功能完备，装修豪华，富有变化，居室水、电、暖供给一应俱全，户外道路、通信、购物、绿化也都有较高的标准。(图1-6)

六、复式居室

一般是指在层高较高的一层楼中增建一个1.2m的夹层，两层合计的层高要大大低于跃层式居室(复式一般为3.3m，而一般跃层式为5.6m)，其下层供起居用，如炊事、进餐、洗浴等，上层供休息睡眠和贮藏用。目前，这种居室的设计正在不断改进，由于其精巧实用，价格较低，仍有广阔的市场前景。

第四节 居住空间设计的风格和流派

随着经济的发展，生活水平的提高，人们对居住空间设计有自己独特的风格和品位。设计师应根据业主需要定位自己的设计，设计出既符合业主意愿，又具有历史文化积淀，有特色、品位的居室环境。风格和流派是不同时代和地区的人们的创作构思逐渐发展而成的具有代表性的设计形式。不同的历史时期蕴含着不同历史文化，使得风格和流派呈现多元特征。对众多的风格和流派进行了解，可以为设计师提供有益的参考。

一、当代居住空间设计主要风格

风格指一种精神风貌和格调，是通过造型语言表现出的艺术品格和风度。风格是居住空间设计的灵魂，是人类生活和智慧的结晶。随着我国居住空间设计领域的不断发展，人们对风格的要求也越来越高，目前最流行的风格有：

（一）传统风格

传统风格的室内设计，是在室内布置、线型、色调以及家具、陈设的造型等方面，吸取传统装饰"形""神"的特征，主要包括中式风格、日式风格、

图1-6 连排花园式居室"龙湖悠山郡" 王新福 摄

图1-7a 中式建筑 王新福 摄

图1-7b 中式建筑 王新福 摄

欧式风格、热带风格。

中式风格的建筑注重规整，色调以青灰、粉白、棕色为主。陈设上采用明、清家具造型和款式特征，再配以琴棋书画、古玩等作为居室装饰主要物件，追求古色古香的感觉，体现出东方文化的精华。(图1-7)

日式风格是日本文明与汉唐文明相结合的产物。装饰材料多以木材为主，讲究实用。推拉式门窗，

复合地板以及榻榻米式的卧室结构是日本风格的典型代表。(图1-8)

欧式风格主要是仿古罗马、哥特式、文艺复兴式、巴洛克、洛可可等风格，这类设计多用简化的罗马柱、脚线、壁炉等装饰元素，带来异国情调的感觉。(图1-9)

亚洲的热带建筑，兴起于巴厘岛、普吉岛、苏梅岛和斯里兰卡南部沿海。由富裕的世界主义者组成的环球社区正在开拓一种全新的生活方式，努力找寻一种新的建筑模式，以便更符合人与生活，人与自然，人与人之间的生成法则。(图1-10)

传统风格常给人们以历史延续和地域文化的感受，它使室内环境突出民族文化渊源的形象特征。

（二）现代主义风格

主张室内结构简化，空间流畅，注重空间的分割与联系。界面处理简洁，尽量不做装饰，强调形式对功能的服从，尊重材料的性能，讲究材料自身的质地和色彩配置效果。色彩强调柔和明快，运用色彩大胆新奇。装饰织物色彩朴素，图案为简洁的波纹、条纹或小的几何图形以及一些动物纹样。家具以实用为主，线条简洁流畅而不要过多装饰。照明设计多以自然光为主，灯具多用流线形和简洁的款式。设计中广泛应用新材料和新技术。

（三）后现代主义风格

后现代风格是在对现代主义的反思和批判中发展起来的，强调建筑及室内装潢应具有历史的延续性，但又不拘泥于传统的逻辑思维方式，探索创新造型手法。它反对"少就是多"的现代主义观点，反对设计的简单化和模式化，强调室内设计的复杂性和多样性。设计中大胆运用装饰和色彩，使设计形式具备更多的象征意义和社会价值。设计讲究人情味，常对传统式样进行夸张、变形和重新组合，或把古典构件的抽象形式以新的手法组合在一起，即采用非传统的混合、叠加、错位、裂变等手法和象征、

图1-7c 中式建筑

图1-8a 日式风格

图1-8b 日式风格

图1-9a 欧式风格"法国古堡"

图1-9d 欧式风格

图1-9b 欧式风格"威尼斯民居"

图1-10 热带建筑

图1-9c 欧式风格

图1-11 后现代主义风格"北京大兴机场" 王新福 摄

隐喻等手段，以期创造一种融感性与理性、集传统与现代、集大众与行家于一体的，"亦此亦彼"的建筑形象与室内环境。（图1-11）

（四）自然风格

自然风格倡导"回归自然"，美学上推崇自然、结合自然。尤其生活在当今浮躁的城市里，人们对自然有种深深眷恋。因此在居室设计中，充分考虑室内环境与自然环境的互动关系，可将自然的光线、色彩、景观引入室内环境中，营造绿色环境。常利用自然条件，通过大面积的窗户和透明天棚引进自然光线，保持空气流畅。界面处理简洁化，减少不必要的复杂装饰带来的能源消耗和环境污染。运用天然木、石、藤、竹等材质质朴的纹理，产生质朴自然、粗犷原始的美感。巧于设置室内绿化，创造自然、简朴、高雅的氛围。此外，设计还要充分考虑材料的可回收性、可再生性和可利用性，实现可持续发展。

自然风格是传统设计价值观向新设计价值观的过渡，其倡导的生态价值观是未来设计思想不可违背的准则。（图1-12）

（五）融合型风格

一种融感性与理性、传统与现代、东方与西方的审美理想于一体的创造性的装饰风格。室内布置既有西方情调又有东方神韵。例如传统的屏风、摆设和茶几，配以现代风格的墙面、门窗及新型的沙发；欧式古典的琉璃灯具和壁面装饰，配以东方传统的家具、陈设、小品等。融合型风格虽然在设计中不拘一格，运用多种体例，但设计中仍然是匠心独具，深入推敲形体、色彩、材质等方面达到的总体构图和视觉效果。

二、当代居住空间设计流派

流派是指学术、文艺方面的派别，这里指居室设计的艺术派别。主要有以下几种：

（一）高技派

高技派，强调采用新技术，强调设计作为信息的媒介和它的交际功能，并在建筑形体和室内环境设计中加以炫耀；其表现手法多种多样，注重赏心悦目的空间效果、时代情感与个性的美学效果设计，崇尚"机械美"；不再以反艺术的面目出现，而是将结构和艺术有机地结合在一起，通过灵活、夸张和多样化的概念与设计语言拓展人们的思维空间，通常在室内暴露梁板、网架等结构构件以及风管、线缆等各种设备和管道；设计方面强调系统设计和参数设计，强调工艺技术与时代感觉。高技派典型的实例为法国巴黎蓬皮杜国家艺术与文化中心、香港地区的银行等。（图1-13）

（二）光亮派

光亮派也称银色派，主张在室内设计中夸大新型材料、现代加工工艺的精密细致及光亮效果，往往在室内大量采用镜面及平曲面玻璃、不锈钢、磨光的花岗石和大理石等作为装饰面材。在室内环境

图1-12 自然风格

的照明方面，常使用反射、折射等各类新型光源和灯具以及色彩鲜艳的地毯、家具和陈设品。在金属和镜面材料的烘托下，形成光彩照人、绚丽夺目的室内环境。(图1-14)

（三）白色派

在设计中大量运用白色构成这种流派的基调，故称白色派。白色环境朴实无华，纯净、文雅、明快，有利于衬托室内的人物。白色派把光线和空间作为设计的重要因素，室内界面材料多用白色，家具陈设多以简洁、精美为主。大量白色的运用，说明室内环境只是一种活动场所的"背景"，而在装饰造型和用色上却不作过多渲染。(图1-15)

（四）新洛可可派

洛可可原为18世纪盛行于欧洲宫廷的一种建筑装饰风格，以精细轻巧和繁复的雕饰为特征，新洛可可延续了洛可可繁复的装饰特点，竭力追求丰富、夸张、富于戏剧性变化的室内空间氛围和艺术效果。但装饰造型的"载体"和加工技术运用现代新型装饰材料和现代工艺手段，从而具有华丽而略显浪漫、传统中仍不失时代气息的装饰氛围。常用手法是大量使用光洁材料，充分利用灯光照明，选用鲜艳的地毯和家具。

（五）风格派

风格派起始于20世纪20年代的荷兰，以画家蒙德里安等艺术流派为代表，强调"纯造型的表现"，"要从传统及个性崇拜的约束下解放艺术"，"把生活环境抽象化，这对人们的生活就是一种真实"。室内装饰和家具经常采用几何形体以及红、黄、蓝三原色，或再以黑、灰、白等色彩相配置。风格派的室内设计效果，在色彩及造型方面都具有极为鲜明的特征与个性。(图1-16)

（六）超现实派

超现实派，追求所谓超越现实的艺术效

图1-13 高技派建筑风格"法国巴黎蓬皮杜国家艺术与文化中心"

图1-14 光亮派建筑风格

图1-15 白色派建筑风格

果，力求在设计中创造无限的空间，创造一个现实中根本没有的环境。在室内布置中常采用异常的空间组织，比如曲面或弧形的界面。选用浓重、艳丽的色彩，五光十色、变幻莫测的光影，布置造型奇特的家具与设备，有时还以现代绘画或雕塑来烘托超现实的室内环境气氛，以动物的皮毛和树皮作为室内装饰和点缀。(图1-17)

图1-16a 风格派建筑"王新福、李亮设计教学作品"

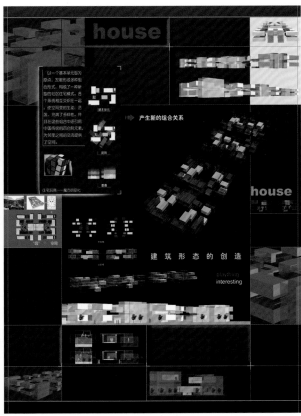

图1-16b 风格派建筑"王新福、李亮设计教学作品"

图1-16c 风格派建筑"王新福、李亮设计教学作品"

图1-16d 风格派建筑"王新福、李亮设计教学作品"

图1-16e 风格派建筑"王新福、李亮设计教学作品"

（七）解构主义派

解构主义对现代主义原则和标准进行否定和批判，表现为运用颠倒、重构等各种语汇去设计。解构主义派对传统古典装饰构图等均采取否定的态度，强调不受文化和传统理性的约束，促使社会走向非人本主义，走向非人情化。其设计手法随意性大，打破力学性能常规，追求空间复杂性，无关联的片段与片段叠加、重组，给人灾难感、危险感。（图1-18）

（八）装饰艺术派

装饰艺术派，受到后现代主义大师文丘里"建筑就是装饰起来"的观念影响。善于运用多层次的几何线型以及图案，重点装饰建筑内外门窗线脚、檐口、腰线、顶角线等部分。室内大胆运用图案装饰和色彩，陈设和家具突出象征隐喻意义。（图1-19）

图1-17a 米罗表现的超现实派建筑风格

图1-17b 米罗表现的超现实派建筑风格

图1-18a 王新福、陈星雨家居设计教学作业"解构主义派建筑风格"

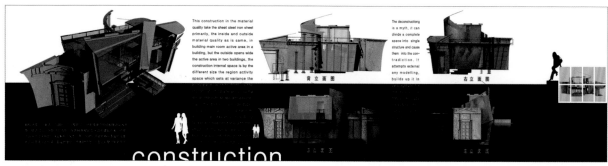

图1-18b 王新福、陈星雨家居设计教学作业 "解构主义派建筑风格"

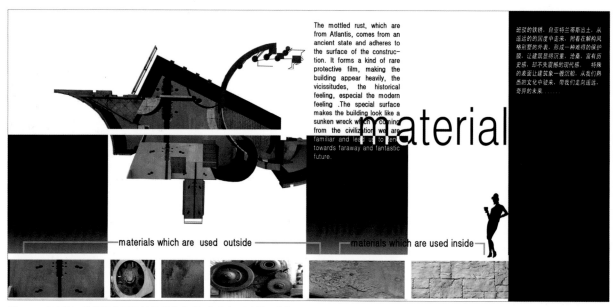

图1-18c 王新福、陈星雨家居设计教学作业 "解构主义派建筑风格"

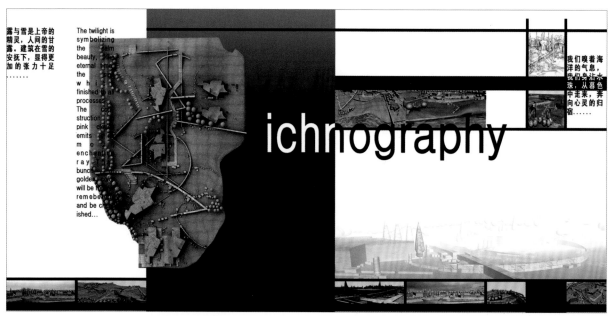

图1-18d 王新福、陈星雨家居设计教学作业 "解构主义派建筑风格"

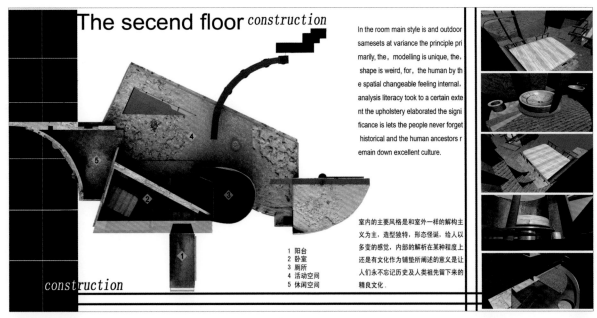

图1-18e 王新福、陈星雨家居设计教学作业"解构主义派建筑风格"

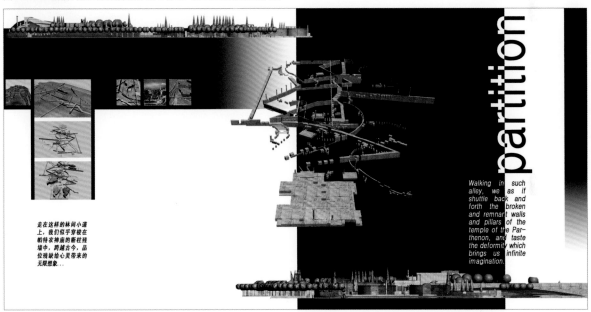

图1-18f 王新福、陈星雨家居设计教学作业"解构主义派建筑风格"

图1-19 装饰艺术派建筑风格"重庆风貌"　王新福　摄

第五节　居住空间设计的原则

因为居住空间设计要以人为核心，在尊重人的基础上关怀人、服务人，所以其设计原则必须符合人物质方面和精神方面的需求。物质方面可以理解为对居室设计实用性、经济性等的要求，而精神方面可以理解为对居室设计艺术性、文化性和个性化的要求。其设计原则如下：

一、坚持实用性和经济性的统一原则

实用性就是要求最大限度地满足室内物理环境设计、家具陈设设计、室内绿化设计等，并使其与功能和谐统一。这就要求设计者必须对人体工程学、环境心理学、审美心理学有较深的了解。室内环境是否实用，涉及空间组织、家具设施、灯光、色彩等诸多因素，在设计中要注意。

经济性指以最小的消耗达到所需的目的，但不是指片面地降低成本，不是以损害施工效果为代价。它包括两个方面：生产性和有效性。

二、坚持科学性和艺术性的统一原则

居室设计应该充分体现当代科学技术的发展，把新的设计理念、新的标准、新型材料、新型工艺设备和新的技术手段应用到具体设计中。人们只有在日常生活中接触新的科技成果，才能体会现代科技的发展。

艺术性指高度重视室内美学原则。美是一种随时间、空间、环境而变化的，适应性极强的概念。重视美就是创造具有表现力和感染力的室内空间设计，创造具有愉悦感和文化内涵的室内环境。

三、坚持个性化和文化性的统一原则

设计要有独特的风格，缺少个性的设计师是没有生命力与艺术感染力的。无论在设计的构思阶段还是在设计深入的过程中，只有加以新奇和巧妙的构思，才能赋予设计以生机。此外，不同民族、不同地区的设计具有不同的文化背景和地理背景，居住空间个性也有所不同；业主年龄、性别、职业、文化程度和审美趣味相异，其居住空间设计个性也不同。

文化指人类在社会实践过程中所获得的物质、精神的生产能力和所创造的物质、精神的财富。作为一种历史现象，文化的发展具有历史继承性，同时也具有民族性和地域性。居室设计应主动体现国家的、民族的、地域的历史文化，使整个环境具有深刻的历史文化内涵。人类文化丰富多彩，具有不同个性的居室设计，在总体上必将有助于显示人类文化的多样性。

四、坚持舒适性和安全性的统一原则

舒适的居室设计离不开充足的阳光、清新的空气、安静的生活氛围、丰富的绿地和宽阔的室外活动空间等。舒适的空间能给人更多精神层面的享受。

人的安全需求仅次于吃饭、睡觉等，是第二位的需求。其包括个人私生活不受侵犯、个人财产安全不被侵害等。所以居室环境中的空间领域的划分、空间组合处理、物理环境设计、家具陈设等不仅要体现舒适性，还要有利于环境的安全保卫。

五、坚持生态性和可持续发展的统一原则

居室设计，必须维护生态平衡，贯彻协调共生原则、能源利用最优化原则、废弃物最少原则、循环再生原则等。与此同时，要让环境免受污染，让人更多地接触自然，满足人们回归自然的心理要求。其主要措施有节约能源、充分利用自然光和自然通风、利用自然因素改善室内小气候、因地制宜采用新技术等。

可持续发展就是实现人与自然的和谐发展，最终建立环境友好型、资源共享型社会。应用到居室设计中，一是在设计之初要考虑日后调整室内布置、更新材料和设施的可能性。二是确立节能，充分节约与利用空间，人与环境、人工环境与自然环境相协调的理念。既要考虑更新可变的一面，又要考虑发展能源、环境、生态等方面的可持续性。

2

居住性建筑的设计理念与发展历史

2　居住性建筑的设计理念与发展历史

第一节　居住性建筑的设计理念

一、中国理念

（一）以精神为基础、以农耕为根本的社会居住法则

古人曰："君子之营宫室，宗庙为先，居室为后。"说明中国古代的居室是以宗教及法规为重心，以农耕为根本的，兼顾精神与物质要素。

（二）营造"天人合一"的和谐观念

古人营造居室，往往寻求居室与自然的和谐与统一。例如诗人陶渊明在《归园田居》中写道："方宅十余亩，草屋八九间。榆柳荫后檐，桃李罗堂前。暖暖远人村，依依墟里烟。狗吠深巷中，鸡鸣桑树颠。户庭无尘杂，虚室有余闲。"草屋虽然简陋，但房前屋后绿树成荫，鸡鸣狗叫，烟火人家，好一派和平、宁静、淡泊、雅致的田园风光。

（三）以生存性空间理念的存在决定人文思想的意识

古人云："福厚之地，人多富寿；秀颖之地，人多轻清；湿下之地，人多重浊；高亢之地，人多狂躁；散乱之地，人多游荡；尖恶之地，人多杀伤；顽浊之地，人多执拗；平夷之地，人多忠信。"（《青囊海角经》）历代中国人的传统观念，大都以门当户对为生成原则，人的生存空间理念的存在决定了人文生成空间的行为法则。（图2-1）

图2-1a 中国理念"徽派建筑"　王新福　摄

图2-1b 中国理念"徽派建筑"　王新福　摄

图2-1c 中国理念，明代周臣《春山游骑图》

二、西方理念

（一）古希腊居住性建筑风格的两大特点

在居住性建筑风格方面，古希腊人留下了两个明确的特点：第一个特点是希腊居住性建筑所包含的形象模型，这些模型包括一系列装饰物术语、雕塑以及风格；第二个特点就是希腊人对居住性建筑的本质看法。

（二）古罗马帝国居室营造的三要素

两千年前的古罗马建筑家波里奥认为，"所有居室皆需具备实用、坚固、愉快三个要素"，以西方古文化为背景，直接引导与奠定了机能、结构和精神价值的居室营造的三要素。

（三）现代主义建筑大师的建筑设计理念

（1）格罗皮乌斯积极提倡"建筑设计与工艺的统一，艺术与技术的结合，讲究功能、技术和经济效益"。

他对居室建筑功能的重视还表现为"按空间的用途、性质、相互关系来合理组织和布局，按人的生理要求、人体尺度来确定空间的最小极限"。

（2）勒·柯布西耶提出了他的五个建筑学新观点，这些观点包括"底层架空柱、屋顶花园、自由平面、自由立面以及横向长窗"。

他对居室建筑功能的看法也有其独特的创意，他认为："居室是供人居住的机器，书是供人们阅读的机器，在当代社会中，一件新设计出来为现代人服务的产品都是某种意义上的机器。居室设计需像机器设计一样精密正确。"它不仅需考虑生活上的直接实际需要，且需从更广泛的角度去研究和解决人的各种需求。诸如：居室应为人类提供完全的服务，它需同时提供机能的、情绪的、心理的、经济的和社会的服务。居室的美植根在人类的需要之中。

（3）密斯·凡德罗坚持"少就是多"的建筑设计哲学，在处理手法上主张流动空间的新概念。

他对居室建筑功能的看法为："少"不是空白而是精简，"多"不是拥挤而是完美。密斯的建筑艺术依赖于结构，但不受结构限制，它从结构中产生，反过来又要求精心制作结构。

（4）赖特则倡导"机能决定形式"，认为人是自然的部分，居住者应接触到充足的自然生活要素。

赖特的居室建筑哲学认为：

①居室的完善实质存在于内部空间，它的外观形式也应由内部空间来决定；

②居室的结构方法是表现美的基础；

③居室建造的地形特色是居室本身特色的起点；

④居室的实用目标与设计形式相统一，方能导向和谐。

第二节 居住性建筑在中国的发展史

居室是建筑发展的直接起源，无论是在穴居时代的原始时期，还是在迅速发展的今天，它以人类不同的第一需求为目标，紧密地伴随着历史文化的进步与社会经济的繁荣而向前迈进。

据考古发现，早在50万年前的旧石器时代，中国原始人就已经知道利用天然的洞穴作为栖身之所。到了新石器时代，黄河中游的氏族部落，利用黄土层为墙壁，用木构架、草泥建造半穴居住所，进而发展为地面上的建筑，并形成聚落。在距今六七千年前，中国古代人已知使用榫卯构筑木架房屋，木构架的形式已经出现，房屋平面形式也因制造与功用不同而有圆形、方形、吕字形等。这是中国古建筑的草创阶段。

中国古代居室建筑的发展历史，经历了一个漫长的时期，并且出现了三个高潮。

一、第一个高潮时期

始于秦、汉五百年间，这两朝期间国家统一，国力富强。两汉经济实力空前发达，除长安、洛阳两个京城外，兴起了众多的地方城，如自战国就已发达的临淄、邯郸，以及宛、江陵、吴、合肥、番禺、成都等。可惜我们对这些城市的规划和建筑所知不多，仅举汉河南县城以见一斑。此城位于河南洛阳周王城故址的中部，始建于西汉，平面近方形，每

图2-2 新疆民丰县尼雅遗址

图2-3 中国秦、汉居住建筑"甘肃武威雷台出土的釉陶明器坞堡"

面长约1400米，墙基宽6米。城内发现有行政建筑、仓库、民居、水井等建筑多座。陶砖已大量使用于东汉建筑的壁体表面、地面、井台、水道等处。当时的百姓生活十分富裕，构筑兴建了众多独具风格的民居性建筑，其结构主体的木构架已趋于成熟，重要建筑物上普遍使用斗拱。屋顶形式多样化，庑殿、歇山、悬山、攒尖、囤顶均已出现，有的被广泛采用。制砖及砖石结构和拱券结构有了新的发展。陶瓷、石刻、绘画和纺织品等装饰材料普遍运用于居住空间。（图2-2、图2-3）

二、第二个高潮时期

始于隋、唐、五代时期，既继承了前代成就，又融合了外来影响，形成一个独立而完整的居室建筑体系，把中国古代居住性建筑推到了成熟阶段。隋唐时期国家组织修建了大量民居性城市建筑及土木工程，最著名的是古洛阳、长安城。隋文帝在汉长安东南营建新都，定名大兴城。大兴城总面积达84.1平方公里，是中国历史上最大的都城。公元605年隋炀帝即位，又下令在汉魏洛阳城西十八里营建东京。东京面积45.3平方公里，是规模仅次于大兴的城市。公元618年，唐建国后，改大兴为长安，改东京为洛阳，又称东都。洛阳全城共有一百零三坊、三市，南北两区街道虽不全对位，但都是规整的方格网，洛阳之坊大小基本相同，街道网也比长安匀整。

三、第三个发展高潮

始于元、明、清时期，这三朝统治中国长达六百多年。

（一）元朝时期的居室建筑

元朝时期（1206年~1368年）的居室建筑大都以宫殿及民居为主。元朝宫殿南北较长，东西较短，近正方形。宫城西侧太液池为内苑，宫城的东西北三面是民居，京城街道宽广。这时期的民居建筑特点也沿袭了隋唐时期的风格。

（二）明代时期的居室建筑

明代（1368 年 ~ 1644 年）开始，中国进入了封建社会晚期。这一时期的居室建筑样式，大都继承于宋代而无显著变化，但建筑设计规划以规模宏大、气象雄伟为主要特点。

住宅在古代不仅是居住场所，还被视为宅主身份的标志。已经发现的明代住宅分布于江苏、浙江、安徽、江西、山东、山西、陕西、福建、广东、四川等省，其数可以百计。由于地理环境、生活习惯、文化背景和技术传统的差异，各地住宅呈现出不同的形态。（图 2-4）

1. 山西襄汾丁村的明代住宅

山西襄汾丁村，明代住宅，建于万历二十一年（1593 年），位于丁村东北隅，是一组四合院，大门一间设在东南角，正屋三间，东西厢房及倒座各为二间（按传统习惯根据木构架分间，应是三间，可能是由于木构架开间过小，不利于布置室内火炕，所以分作二间使用）。正屋、两厢和倒座之间并无廊子联结。其形制符合明代庶民屋舍的规定，只是正屋梁上有单色勾绘的密锦纹团科纹饰，似稍有逾制之嫌。

2. 山东曲阜衍圣公府

衍圣公府习称"孔府"，位于曲阜城内孔庙东侧，是中国现存唯一较完整的明代公爵府。孔府的现有规模形成于明弘治十六年（1503 年）。清光绪十一年（1885 年），一场大火把孔府的内宅一扫而光，因此留下的明代原物主要是内宅以外的部分建筑物，即大门、仪门、大堂、二堂、三堂、两厢、前上房、内宅门及东路报本堂等。其余均为清代重建或增建。

3. 浙江东阳卢宅

卢宅位于浙江东阳县城东门外，建于明景泰七年（1456 年）至天顺六年（1462 年），其后又不断修建，形成一个规模庞大的住宅群体。全宅占地约 5 公顷，由十余组按南北轴线布置的宅院组成。主轴线沿照壁穿过三座石牌坊转折至肃雍堂、乐寿堂而止于世雍堂。住宅周围有河流环绕，通过跨河的九座桥梁沟通宅内外。宅前大道西通东阳城东门。从门前众多牌坊可知，这是一处世代为官的家庭聚居地。肃雍堂是全宅的主厅，其布局和曲阜衍圣公府相似，前有门屋两重，堂前两侧设东、西厢。肃雍堂平面作工字形，以穿堂将前后二堂联结成一体。其中前厅原是歇山屋顶，后虽改为两厦悬山顶，但室内木构架仍保留歇山转角做法，斗拱式样也很华丽。按明制规定，品官住宅不准用歇山顶，因此肃雍堂前厅的屋顶改形可能是宅主为逃避"逾制"之罪而采取的补救措施。这种现象在明代住宅中甚为罕见。

4. 安徽徽州民居

徽州地处山区，人稠地狭，住宅多采用小天井和楼房的紧凑布局。一般主楼、厢房全是二层，用地特别紧张的村落则建三层楼房。由于山区木材价廉，取材都较粗大。富有之家住宅多施精美的木雕和砖雕，为了避免"露富"而招来横祸。这些象征富

图2-4a 明代时期的居室建筑"浙江西塘古镇" 王新福 摄　　图2-4b 明代时期的居室建筑"浙江西塘古镇" 王新福 摄

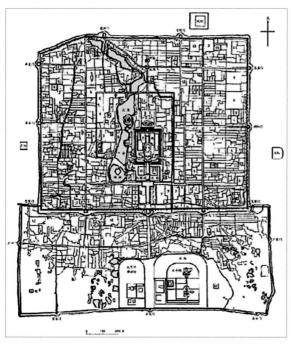

图2-5 清乾隆时期的北京城平面图

有的雕刻都在内院展现，外观都是白墙、灰瓦，十分平淡。外墙极少开窗，窗孔也很小。

歙县远郊西溪南村有座吴息之住宅，宅旁池塘边有一路亭，亭中脊檩纪年为景泰七年（1456年），此宅木构架形制与路亭年代相当。该住宅现仅存一组院落，其余房屋已毁。宅的大门临小巷，面西南。入门为天井式小院，环小院一周为二层楼房，楼下空间低矮，楼上则较高敞，木刻雕饰也集中于楼上，说明宅内主要活动场所在楼上。院内水池用以积聚雨水，是皖南山区常见的做法。

（三）清代时期的居室建筑

1.清代社会和建筑概况

清代是中国封建社会末期一个在经济、政治上有特殊性质的社会阶段，是封建主义经济日趋没落，并逐步向资本主义经济转化的历史阶段。因此，清朝政府在各方面建立积极的民族政策，全面接受汉族文化，任用汉人为官，学习汉语及传统的文学艺术等。同样，在建筑上也接受了汉族的建筑艺术与技术，保留了明代的北京宫殿建筑，陵寝制度亦是沿袭明代规制，少有改进，至于民居方面更普遍地接受了汉族的四合院形制。同时，清廷对蒙古族、藏族亦实行"怀柔"政策，"因俗习为治"，大力提

倡藏传佛教，以其为统治的助力。经几十年的努力，配合以武力镇压，终于在中国巩固了多民族的国家体制。在建筑上也出现了各民族建筑之间相互交流的情况。例如：藏式碉房建筑形式移入蒙古族地区及京畿热河地区；回族建筑接受了汉式结构方式及装饰手法；苗族、壮族、彝族的一部分地区亦采用汉族的建筑方式等。（图2-5）

2.清代民居形制分类

中国地域辽阔，粗略统计清代民居形式不下四十余种。大约划分为七大类，即：庭院式民居、窑洞式民居、干阑式民居、藏族民居、毡房和帐房、维吾尔族民居及其他特殊类型民居。

庭院式民居应用最为普遍，是汉族、回族、满族、白族、纳西族，甚至包括部分蒙古族长期采用的民居形式，有着悠久的历史。所谓庭院式民居即是以单间组成的条状单幢住房为基本单位（一般为三间一幢），周回布置，组成院落，成为一种室内室外共同使用的居住生活空间形态。由于气候、传统及风俗习惯的不同，庭院式民居在具体表现上又可分成三种，即合院式、厅井式、组群式。

3.清代社会对民居发展的影响

民居建筑是与社会经济生活、政治制度、民间习俗、技术条件等最为密切相关的建筑类型。与明代相比较，清代社会确实出现了不少影响民居发展的新因素，如：民族的融合；人口迅猛增长；木材资源减少，砖石材料增多；资本主义经济萌芽；消费观念增强；时代审美的新情趣；华侨引入西方风格；大量移民活动；新的建筑装修材料的推广；等等。以上诸点都推动了清代民居的发展变化。（图2-6、图2-7）

4.清代建筑技术与艺术

清代二百余年间全国官私的建筑总量比任何历史朝代都要多得多，但此时木材的积蓄又日渐稀少，因此建筑业被迫去寻求更多其他种类的建筑材料。如砖瓦的供应量明显增加，一般质量较好的民居大部分改用砖材作围护材料，以砖石承重或砖木混合结构形式的建筑较明代增多。地方性材料如各种石材、竹材、苇草、白灰等，在民间建筑中进一步得

到开发利用。装饰材料的供应范围更加广大，如各类硬木、雕刻用木、铜件、金箔、纸张、纱绸、玉石、蚌壳、油漆、琉璃、瓷器等皆用来美化建筑物，清中叶以后还引进了玻璃制品。

清代建筑的艺术风格有很多有价值的改变。宋元以来，传统建筑造型上所表现出的巨大的出檐、柔和的屋顶曲线、雄大的斗拱、粗壮的柱身、檐柱的生起与侧脚等特色逐渐退化，稳重、严谨的风格日趋消失，即不再追求建筑的结构美和构造美，而更注重建筑组合、形体变化及细部装饰等方面的美学形式。例如：北京西郊园林、承德避暑山庄、承德外八庙等建筑群的组合（图 2-8），都达到了历史上最高水平，显示了建筑匠师在不同地形条件下，灵活而妥善地运用各种建筑体型进行空间组合的能力，也表现出他们高度敏锐的尺度感。清代单体建筑造型已不满足于传统的几间几架简单长方块建筑，而尽量在进退凹凸、平座出檐、屋顶形式、廊房门墙等方面追求变化，创造出更富于艺术表现力的形体。如承德普宁寺大乘阁、北京雍和宫万福阁、拉萨布达拉宫、呼和浩特席力图召大经堂等优秀实例。

清代建筑彩画突破了明代旋子彩画的窠臼，官式彩画发展成为三大类：和玺、旋子和苏式彩画。详细分析尚有金龙和玺、龙凤和玺、大点金旋子、小点金旋子、石碾玉、雅伍墨、雄黄玉、金琢黑苏画、金线苏画、黄线苏画、海墁苏画等的区别，分别画在不同建筑的不同部位上。彩画工艺中又结合沥粉、贴金、扫青绿等手法来加强装饰效果，更使建筑外观显得辉煌绮丽、多彩多姿。门窗类型在清代明显增多，而且门窗棂格图案更为繁杂，与明代简单的井字格、柳条格、枕花格、锦纹格不可同日而语。在清代，许多门窗棂格图案已发展为套叠式，即两种图案相叠加，如十字海棠式、八方套六方式、套龟背锦式等。江南地区还喜欢用夔纹式，并由此演化为乱纹式，更进一步变异为粗纹乱纹结合式样。浙江东阳、云南剑川等木雕技艺发达地区，有些民居门隔扇心全为透雕的木刻制品，花鸟树石跃于门上，完全成为一组画屏。内檐隔断也是装饰的重点，除隔扇门、板壁以外，大量应用罩类以分隔

图2-6 清代社会对民居发展的影响"四川阆中古镇" 王新福 摄

图2-7 清代社会对民居发展的影响"安徽宏村" 王新福 摄

图2-8a 承德避暑山庄、承德外八庙 王新福 摄

图2-8b 承德避暑山庄、承德外八庙 王新福 摄

图2-9 清代建筑艺术装饰"青海塔尔寺" 王新福 摄

图2-10 清代建筑艺术装饰"安徽宏村" 王新福 摄

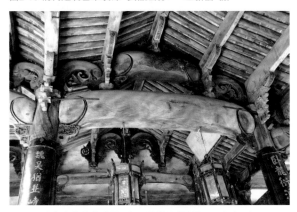

图2-11 清代建筑艺术装饰"浙江诸葛八卦村" 王新福 摄

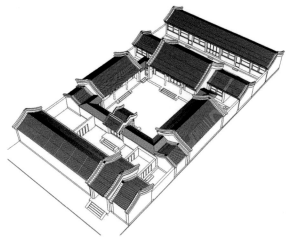

图2-12 清代北京四合院

室内空间。仅常见的就有栏杆罩、几腿罩、飞罩、炕罩、圆光罩、八方罩、盘藤罩、花罩等式，此外尚有博古架、太师壁等亦为室内隔断形式。丰富的内檐隔断创造出似隔非隔、空间穿插的内部空间环境。内檐装修中还引用了大量工艺美术品的制造工艺技术，如硬木贴络、景泰蓝、玉石雕刻、贝雕、金银镶嵌、竹篾、丝绸纱绢装裱、金花墙纸等，使室内观赏环境更加美轮美奂。砖、木、石雕在清代建筑中应用亦十分广泛，几乎成为富裕人家表现财力的一种标志。其他装饰手段，如塑壁、灰塑、大理石镶嵌、石膏花饰等亦得到重视。清代建筑装饰艺术充分表现出工匠的巧思异想与中国传统建筑的形式美感。（图2-9～图2-11）

5. 清代民居类型介绍

（1）合院式民居

合院式民居的形制特征为组成院落的各幢房屋是分离的，住屋之间以走廊相连或者不相连，各幢房屋皆有坚实的外檐装修，住屋间所包围的院落面积较大，门窗皆朝向内院，外部包以厚墙。屋架结构采用抬梁式构架。这种民居形式在夏季可以接纳凉爽的自然风，并有宽敞的室外活动空间；冬季可获得较充沛的日照，并可避免寒风的侵袭，所以合院式是中国北方地区通用的形式，盛行于东北、华北、西北地区。合院式民居中以北京四合院最为规则典型（图2-12）。完整的北京四合院由三进院落组成，沿南北轴线安排倒座房、垂花门、正厅、正房、后罩房。每进院落有东西厢房，正厅房两侧有耳房。院落四周有穿山游廊及抄手游廊将住房连在一起。大门开在东南角。大型住宅尚有附加的轴线房屋及花园、书房等。宅内各幢住房皆有固定的使用用途：倒座房为外客厅及账房、门房；正厅为内客厅，供家族议事；正房为家长及长辈居住；子侄辈皆居住在厢房；后房为仓储、仆役居住及厨房等。这种住居按长幼、内外、贵贱的等级秩序进行安排，是一种宗法性极强的封闭型民居。属于合院式的民居尚有：晋中民居，其院落呈南北狭长形状；晋东南民居，其住房层数多为两层或三层；关中民居，除院落狭长以外，其厢房多采用一面坡形式；临夏回族民居，其布局形式较自由，朝向随意，并带有花园；吉林满族民居，院落十分宽大，正房中以西间为主；青海庄窠是平顶的四合院，周围外墙全为夯土制成；白族民居，即大理一带的民居，其典型布局有"三坊一照壁"和"四合五天井"两种；纳西族民居，与白族民居类似，但吸收有藏族的上下带前廊的楼房形制。（图2-13～图2-15）

（2）厅井式民居

厅井式民居是庭院类型民居中另一大类，其特色表现在敞口厅及小天井，即组成庭院的四面房屋皆相互联属，屋面搭接，紧紧包围着中间的小院落，因檐高院小，形似井口，故又称之为天井。天井内一般皆有地面铺装及排水渠道。每幢住屋前皆有宽大的前廊或屋檐，以便雨天时串通行走。同时一部分住屋做成敞口厅等半室外空间，与天井共同作为生活使用空间。其结构多用穿斗式构架。这种形式的民居在湿热的夏季可以产生阴凉的对流风，改善小气候；同时有较多的室外、半室外空间来安排各项生活及生产活动，敞厅成为日常活动中心，而不受雨季的影响。厅井式民居是长江流域及其以南地区的通用形式，尤以江浙、两湖、闽粤为典型。太湖流域是桑蚕丝织之乡，民居亦具特色。苏州民居可为太湖流域民居的代表。它是由数进院子组成的中轴对称式的狭长民居，在轴线上依次布置有门厅、轿厅、过厅、大厅、女厅（又称上房）等。苏州民居大部分不设厢房，前后房屋间的联系是靠两侧山墙外附设的避弄（廊屋）来交通。主要天井内皆设立一座雕饰华丽的砖门楼，以展示房主的财富。富商大户的住宅多附设一座精美的花园，苏州宅园至今仍是中国古典园林遗产中重要的财富。属于厅井式民居的尚有徽州民居，它多为规整的三合院或四合院的组合体，且以楼房居多。东阳民居以木雕而闻名全国，其典型平面为"H"字形，当地人称这为"十三间头"。湘西民居是苗族、土家族、汉族共同的民居形式，因其为两层楼高，且周围有全封闭的高出房屋的封火墙环绕，远望如官印，故称"印子房"。川中民居，其大门开在正中间，俗称"龙门"，宅内装修、挂落、花罩等皆十分考究。云南"一颗

图2-13 合院式民居"宋庄新合院式建筑"　王新福 摄

图2-14 合院式民居"西安院子"

图2-15 合院式民居"北京鸟巢旁边的老四合院"　王新福 摄

印"是昆明附近的民居形式，为方正小巧的四合院形式。泉州民居的特点是中部三进厅堂，而东西两侧建造南北的护房，当地称"护厝"，共同组成大宅院。此类房屋对潮汕、台湾皆有很大的影响。粤中民居的类型较多，当地中下层居民喜欢应用一种"三间两廊式"民居，用地十分节省。（图2-16～图2-18）

（3）组群式民居

组群式民居是庭院式民居的集合式住宅，以它自己特有的构图模式去组合全族的住屋，构成雄浑庞大的民居外貌，多应用在闽西、粤东、赣南的客家人居住地区及福建漳州地区、广东潮汕地区。客

家人喜欢建造圆形或方形的大土楼。例如，福建永定古竹乡的承启楼直径达70米，住房呈环状布置，为四层夯土木构架的楼房，外观封闭，无窗或很少开窗，内院有套建的圆形附属房屋，中心为全族人共同的祠堂。内部有水井、粮仓，楼门关闭以后，全族人不依靠外援可坚持抵抗侵袭很长时间。永定湖雷、坎市、高陂一带尚盛行建造另一种聚居土楼，平面方形，层数由北至南递减，称之为"五凤楼"。广东梅县一带客家人喜欢采用"三堂两横加围屋"式，即中部三进厅堂，两侧为横屋（即纵向房屋），

横屋北端接建一圈半圆形的围屋，形成全封闭的大住宅。广东北部南雄、始兴一带的客家人尚喜欢采用一种行列式民居，亦是聚族而居的大家族式民居。此外，漳州地区尚有单元式土楼，由三间为一套的单元住房组成。（图2-19 ~图2-21）

（4）窑洞式民居

窑洞式民居是一种很古老的居住方式，即是在黄土断崖地区挖掘横向洞穴作为居室。因为它有施工简便、造价低廉、冬暖夏凉、不破坏生态、不占用良田等优点，虽然存在采光及通风方面的缺陷，但

图2-16 厅井式民居"浙江西塘民居" 王新福 摄

图2-17 厅井式民居"安徽宏村" 王新福 摄

图2-18 厅井式民居"湖南凤凰城" 王新福 摄

图2-19 组群式民居"安徽宏村组群式民居" 王新福 摄

图2-20 组群式民居"浙江诸葛八卦村" 王新福 摄

图2-21 组群式民居"福建土楼" 王新福 摄

在北方少雨的黄土地区，仍为人民习用的民居形式。按构筑方式可分为三种：靠崖窑、平地窑、锢窑。靠崖窑即是利用天然土壁挖出的券顶式横穴，可单孔，可多孔，还可结合地面房屋形成院落。平地窑又称地坑院、地窨院、暗庄子，即在平地上向下挖深坑，使之形成人工土壁，然后在坑底各个方向的土壁上纵深挖掘窑洞，也可以说是竖窑与横窑结合而成的民居。此式窑洞多流行于河南巩县、三门峡、灵宝和甘肃庆阳、山西平陆一带；锢窑为在平地上以砖石或土坯按拱券方式建造的独立窑洞，券顶上敷土做成平顶房，以晾晒粮食，多通行于山西西部及陕西北部。目前中国的窑洞民居大致集中在五个地区，即晋中、豫西、陇东、陕北、冀西北。

（5）干阑式民居

干阑式民居是一种下部架空的住宅。它具有通风、防潮、防盗、防兽等优点，对于气候炎热、潮湿多雨的中国西南部亚热带地区非常适用，包括广西、贵州、云南、海南、台湾等地区。这类民居规模不大，一般三至五间，无院落，日常生活及生产活动皆在一幢房子内解决，在平坝少、地形复杂的地区，尤能显露出其优越性。应用干阑式民居的有傣族、壮族、侗族、苗族、黎族、景颇族、德昂族、布依族等民族。傣族民居多为竹木结构，茅草屋顶，故又称为竹楼。其下部架空，竹席铺地，可席地而坐，有宽大的前廊和露天的晒台，外观上以低垂的檐部及陡峭的歇山屋顶为特色。壮族称干阑建筑为"麻栏"，以五开间者居多，采用木构的穿斗屋架。下边架空的支柱层多围以简易的栅栏作为畜圈及杂用。上层中间为堂屋，是日常起居、迎亲宴客、婚丧节日聚会之处。围绕堂屋分隔出卧室。侗族干阑与壮族麻栏类似，只是居室部分开敞外露较多，喜用挑廊及吊楼。同时侗族村寨中皆建造一座多檐的高耸的鼓楼，作为全村人活动的场所。村村各异，争奇斗巧，是侗族的一项宝贵的建筑遗产。苗族喜欢用半楼居，即结合地形，半挖半填，干阑架空一半的方式。黎族世居海南岛五指山，风大雨多，气候潮湿。其民居为一种架空不高的低干阑，上面覆盖着茅草的半圆形船篷顶，无墙无窗，前后有门，门外有船头，就像被架空起来的纵长形的船，故又称"船形屋"。景颇族、德昂族的干阑建筑的屋顶皆有民族的独特形式。而布依族的民居原来亦是干阑式房子，但居住在镇宁、安顺、六盘水一带的布依族，由于建筑材料的限制，则完全改用石头做房子，但其原型仍是干阑式规式。（图2-22～图2-24）

（6）藏族民居碉房

藏族民居俗称碉房，大多数为三层或更高的建筑。底层为畜圈及杂用，二层为居室和卧室，三层为佛堂和晒台。四周墙壁用毛石垒砌，开窗甚少，内部有楼梯以通上下，易守难攻，类似碉堡。窗口多做成梯形，并抹出黑色的窗套，窗户上沿砌出披檐。居住在四川阿坝和甘孜的藏族碉房，其木装修部分则多一些。居住在甘肃南部的藏族则多采用青海庄窠形式，说明地区条件对民居的影响甚至比民族因素的影响更大。四川茂汶地区居住的羌族亦采用碉房形式，其外墙为片石垒砌，建筑密度极高，并附建有极高的碉堡及过街楼，防御性极强。云南红河一带的哈尼族民居称为"土掌房"，为土墙、平顶、外墙无窗的两层楼房，这种体系应该与桃平羌寨和藏族碉房有着密切的关系。（图2-25、图2-26）

图2-22 干阑式民居"贵州千户苗寨"
王新福 摄

图2-23 干阑式民居"重庆涞滩古镇"
王新福 摄

图2-24 干阑式民居"重庆中山古镇"　王新福 摄

（7）毡房和帐房

毡房俗称蒙古包，是一种可以随时拆卸运走的圆形住宅。它以柳木条为骨架，外边覆盖以毛毡，适用于逐水草而居、随时移动居住地的游牧民族，广泛用于内蒙古的草原地带、新疆北部、甘肃和青海的部分地区。不仅蒙古族使用，一些哈萨克族、塔吉克族牧民亦使用。此外，甘肃、青海、新疆等地因夏季比较温暖，牧民们采用一种帐篷式房屋，称为帐房。内部以帐架支顶，外部覆以细羊毛毡或帆布。西藏、青海高原上的藏族牧民亦喜欢用帐房，但他们是以黑色的牦牛毡为覆盖材料。（图2-27～图2-31）

（8）维吾尔族民居

维吾尔族民居以南疆喀什一带最为典型，因当

图2-25a 民居碉房"甘孜 阿坝地区藏式碉楼" 王新福 摄

图2-25b 民居碉房"甘孜 阿坝地区藏式碉楼" 王新福 摄

图2-26a 民居碉房"桃平羌寨" 王新福 摄

图2-26b 民居碉房"桃平羌寨" 王新福 摄

图2-27 竹竿挑起的毡房和帐房

图2-28 搭建中的毡房和帐房

图2-29 内蒙古那达慕大会下的毡房和帐房   王新福 摄

图2-30 屋顶骨架连环绑扎稳固的毡房和帐房

图2-31 青海湖的毡房和帐房　王新福　摄

地干热少雨，风沙大，所以创造了一种土墙、土平顶，居室分为冬室和夏室两部分的民居类型。所谓夏室就是建筑前部有宽大的前廊，从5月到11月，全年大部分时间居民在此廊内做家务、吃饭、待客等，成为南疆居民生活的一大特色。居室内装饰华美，有丰富的石膏花饰及各种形式的小壁龛嵌于壁间。地面铺设地毯，人们席地而坐。（图2-32）

（9）其他种类民居

其他种类民居包括延边朝鲜族民居，东北大小兴安岭林区、云南北部宁蒗地区、西藏墨脱县门巴族地区采用的井干式民居，东北鄂温克族在林区居住的帐式棚子——撮罗子，珠江口渔民居住的水棚，台湾高山族民居等，都是各具特色的民居形式。

正如建筑大师梁思成所说："我国对于居室之传统观念，有如衣服，鲜求其永固，故欲求三四百年以上之居室，殆无存者。故关于民居方面之实物，仅现代或清末房舍而已。全国各地因地势及气候之不同，其民居虽各有其特征，然亦有其共征，盖因构架制之富于伸缩性，故能在极端不同之自然环境下，适宜应用。"而民间商人及富贵家庭则大肆修建私家园林，造就中国历史上一个民居花园式造园高潮。

明清之后，中国满目疮痍，历经了百年左右战争的洗礼，社会动荡，民不聊生，再也没有了唐宋时期壮丽而辉煌的建筑体系，更找寻不到明清时期兴旺而繁荣的街区集市与山水相伴的

图2-32 维吾尔族民居

亭台楼角。中国具有趣味的居住性建筑的历史发生了巨大的断层与变异，一部分在海外事业有成的沿海侨民由于思乡情结，只能回乡建设一些坚固并且能够抵御外来入侵的城堡与碉楼。

漫长而不堪回首的百年历史，孕育了巨大的潜力与爆发力。在"多难兴邦"的感召之下，改革开放的浪潮之中，中国的民居式建筑再一次掀起了更加广阔而意义深远的新高潮。

第三节 居住性建筑在西方的发展史

西方的居住性建筑，说到源头也与中国一样，是以洞与穴为起源进行发展的。西方人最早发现的、至今身世不明的尼安德特人的化石，也发掘于山洞之中。

当欧洲的树枝棚建筑取代了原始的地穴之后，其建筑自身便显现出太脆弱的弊端，人类的对策还是因地取材于石头，形成树枝棚与石头的居住性建筑的结合体。最早也是最著名的石头建筑的遗迹是

现在英国的大石阵，虽然它的用途还不清楚。作为建筑，这里有一个现象值得注意，就是那块躺在两根立石上的横石。在前面的讲述中，我们看到从洞到穴到棚，人类一直都是在直接利用、模仿大自然。但是这三块石头搭出来的结构在自然界中毫无先例可言。这个两竖一横的结构可以说是整个人类建筑的象征，就像文字是人类文明的象征一样。

一、影响西方居住性建筑最为深远的古埃及与古西亚

西方居住性建筑经历了几次巨大的变革，在早期影响西方居住性建筑最为深远的有两个地方，一个为古埃及，另一个为古西亚。（图2-33～图2-37）

古埃及建筑的最大特色是以一条狭长的河流为基础，在河流的冲刷与流淌下，形成了一条带状的沙漠绿洲，这片绿洲孕育出了蔚为壮观的金字塔。特别是以石头堆砌而成且技艺精湛、大小不同的神庙，从建筑材料的运用至施工工艺的形成到设计理念的产生，对西方居住性建筑的发展产生了极大的影响。

关于古西亚的建筑，最令人印象深刻的大概就是"空中花园"了。西亚建筑的特色是对砖的应用。以公元前8世纪著名的亚述王萨尔贡的宫殿为例，整个宫墙上贴满了彩色的琉璃面砖，萨尔贡宫中著名的五条腿的人首翼牛像也是在琉璃面砖上雕出来的。从现存的遗迹来看，西亚民族在建筑的形式上远没有埃及人那么富有创造力，但是西亚人对砖的应用与对建筑拱屋顶的发明对后世具有深远影响。

图2-33 古埃及卢克索神庙　王新福　摄

图2-34 古埃及亚历山大古堡　王新福　摄

图2-35 古埃及金字塔　王新福　摄

图2-36 古埃及狮身人面像　王新福　摄

图2-37 古埃及神庙石柱　王新福　摄

二、古希腊居住性建筑的三个时期

（一）古风时期

公元前 8 世纪~公元前 6 世纪，希腊居住性建筑逐步形成相对稳定的形式。爱奥尼亚人城邦出现了爱奥尼式建筑，风格端庄秀雅；多立安人城邦出现了多立克式建筑，风格雄健有力。到公元前 6 世纪，这两种建筑都有了系统的做法，称为"柱式"。柱式体系是古希腊人在建筑艺术上的创造。

（二）古典时期

公元前 5 世纪~公元前 4 世纪，是古希腊居住性建筑的繁荣兴盛时期，在此期间古希腊人创造了很多建筑珍品，主要建筑类型有卫城、柱廊、广场等。不仅在一组建筑风格群中同时存在两种柱式的建筑物，而且在同一单体建筑中也往往运用两种柱式。雅典卫城建筑群是古典时期的著名实例。古典时期在伯罗奔尼撒半岛的科林斯城形成一种新的建筑柱式——科林斯柱式，风格华美富丽，这一柱式风格一直到罗马时代仍然在广泛流行。

（三）希腊化时期

公元前 4 世纪后期~公元前 1 世纪，是古希腊历史的后期，马其顿王亚历山大远征，把希腊文化传播到西亚和北非，称为希腊化时期。希腊建筑风格向东方扩展，同时受到当地原有建筑风格的影响，形成不同的地方特点。（图 2-38）

三、古罗马居住性建筑的传承与发展

古罗马人沿袭伊特鲁里亚人的建筑技术，在公元 1~3 世纪时期盛极一时，达到西方古代居住性建筑的高峰。古罗马建筑的类型繁多，其居住性建筑的典型作品有内庭式居室、内庭式与围柱式庭院相结合的居室，还有四、五层公寓式居室。古罗马在居住性建筑中采用多元化因素的设想也相当成熟，形式与功能结合得十分完美。例如，多层公寓常用标准单元。一些公寓底层设商店，楼上住户有阳台。这种形式同现代公寓也大体相似。古罗马建筑能满足各种复杂的功能要求，主要依靠水平很高的拱券结

图2-38 希腊化时期建筑风格

构，获得宽阔的内部空间。

在施工工艺与建筑材料的应用上，古罗马人使用了强度高、施工方便、价格便宜的火山灰混凝土。约在公元前 2 世纪，这种混凝土成为独立的建筑材料，到公元前 1 世纪，几乎完全代替石材，用于建筑拱券，也用于筑墙。除去新工艺与新材料的应用之外，古罗马人在使用传统的石材与木结构技术上也保持了相当的水平，在木制加工工艺上能够区分桁架的拉杆和压杆，还能结合花岗石、陶器、铜质材料、玻璃器皿等进行规模庞大的各类建筑物的综合型施工与制作。

古罗马居住性建筑具有以下三个重要的特点：

（1）新创了拱券覆盖下的内部空间；

（2）发展了古希腊柱式的构图，使之更有适应性；

（3）出现了由各种弧线组成的平面、采用拱券结构的集中式建筑物。

但从公元 4 世纪下半叶起，古罗马建筑渐趋衰落。（图 2-39、图 2-40）

四、文艺复兴时期居住性建筑的兴起

如果说哥伦布发现了美洲大陆而使人类对地球的发现迈进了巨大的一步，进而使人类向未知的物质世界吹响了进军号角的话，那么文艺复兴则是人

图2-39 古罗马居住性建筑　　　图2-40 古罗马居住性建筑 "温泉水池"
　　"弗拉维宅邸内花园"

类向未知的精神世界寻求进军的方向，是在精神世界中进行的探索。这个探索在文学、艺术、政治思想、自然科学及居住性建筑领域内创造了丰硕的成果。

继哥特式建筑之后，文艺复兴时期的居住性建筑产生于15世纪的意大利，之后传播到欧洲以及其他地区，形成带有各自特点的各国文艺复兴时期的居住性建筑体系。

文艺复兴时期的居住性建筑最明显的特征是扬弃中世纪时期的哥特式建筑风格，而在宗教和世俗建筑上重新采用古希腊罗马时期的柱式结构要素。文艺复兴时期的建筑师和艺术家们认为这种古典建筑，特别是古典柱式结构，体现着和谐与理性，并且同人体美有相通之处。

在文艺复兴时期，建筑类型、建筑形制、建筑形式及建筑中所包含的内容都比以前增加了许多。建筑师在创作中既体现统一的时代风格，又十分重视表现自己的艺术个性，各自创立学派和形成个人的独特风格。总之，文艺复兴时期的居住性建筑的发展，特别是意大利文艺复兴时期的居住性建筑的发展，呈现出空前繁荣的景象，该时期是世界建筑史上一个大发展和大提高的时期。

五、古典主义与古典复兴主义的居住性建筑

法国是引领古典主义与古典复兴主义的主要国家之一。继文艺复兴时期之后，古典主义的建筑思潮发生于17世纪，是君主政体民族国家开始建立，资本主义渐趋发展的历史阶段。法国在17世纪到18世纪初的路易十三和路易十四专制王权极盛时期，开始竭

力崇尚古典主义的建筑风格，18世纪上半叶和中叶，大量舒适安谧的城市居室和小巧精致的乡村别墅在法国及其周边的欧洲国家兴起与建造完成。在这些居室中，美轮美奂的沙龙和舒适的起居室取代了豪华的大厅。法国古典主义建筑更多崇尚的是意大利文艺复兴的理性主义，造型十分严谨，普遍应用古典柱式，内部装饰丰富多彩。法国古典主义有一个十分显著的特点，就是特别强调基于严格数学计算的比例和数量关系的精确性，例如各部分之间的严格数学关系，简单几何图形的采用等。哲学家们认为，那种超越情感的，来自于计算的数学规律是纯粹理性的化身，被历史与建筑学家称为古典主义或古典复兴主义。(图2-41～图2-43)

六、现代主义萌芽时期居住性建筑的发展

西方的居住性建筑艺术，进入19世纪之后，已经有了两大地域之分。一方面仍然以传统的欧洲国家为主导性建设动力，大力地推行折中主义居住性建筑艺术的表现形式；另一方面以美国为主的新兴国家，极力推行现代主义建筑的新思路。它依附于新的表现形式及新的建筑材料，寻求居住性建筑艺术的不同空间理念与建筑外观样式。特别是升降机的发明与创造(在1853年的世博会上与公众见面)，将高层建筑的实现提高到了一个现实的领域，由此将居住性建筑艺术迅速地推入一个现代主义的萌芽时期。

折中主义在当时的出现与盛行，

图2-41a 古典主义的居住性建筑　王新福　摄

图2-41b 古典主义的居住性建筑　王新福　摄

图2-42 古典复兴主义的城市居住性建筑群　王新福　摄

图2-43 古典复兴主义的居住性建筑"护城河边上的城堡"　王新福　摄

主要原因是为了适应资产阶级的享乐和政治需要。为了炫耀财富和享乐，建筑也就好像是一种可以用钱买到的商品一样，变成了一种可以用钱买到的文化。19世纪的第一批资产阶级都是一些暴发户，常常就是些不法之徒，这些新贵族与老贵族相比更不懂艺术，没有文化素养，只要求受他们雇用的建筑师不要害怕花钱，什么样式都不在乎，只要能摆阔就行。建筑师也就乐得在古希腊、古罗马、拜占庭、中世纪、文艺复兴、巴洛克和一种称为"洛可可"的柔靡装饰作风，以及东方情调，甚至还有古埃及等各种现成的建筑文化中摘取各种符号，随意进行拼凑，以"创造"出一种速成的"美"，这种做法在当时非常盛行。

七、现代主义居住性建筑的兴起

现代主义建筑是指20世纪中叶在西方建筑界居主导地位的一种建筑思想。这种建筑的代表人物主张：建筑师要摆脱传统建筑形式的束缚，大胆创造适应于工业化社会的条件的崭新建筑。因此鲜明的理性主义和激进主义色彩被大胆运用在建筑中，这种建筑又称为现代派建筑。

现代主义建筑思潮产生于19世纪后期，成熟于20世纪20年代，在五六十年代风行全世界。1919年，德国建筑师格罗皮乌斯（图2-44）担任艺术院校"包豪斯"校长。在他的主持下，包豪斯在20世纪20年代成为欧洲最激进的艺术和建筑中心之一，并且推动了建筑革新运动。其建筑革新运动主要由以下五种学术运动与学派所组成——"工艺美术运动""新艺术运动""维也纳学派""芝加哥学派""德意志制造联盟"。以上五种学术运动与学术团体的兴起奠定了现代派建筑的雏形，可以说在某种程度上都把握住了时代的精神——建筑必须面向工业化、减少装饰、实用。20世纪20年代中期，格罗皮乌斯、勒·柯布西耶（图2-45）、密斯·凡德罗（图

图2-44 格罗皮乌斯建筑设计作品

图2-45a 勒·柯布西耶建筑设计作品"萨伏伊别墅"

图2-45b 勒·柯布西耶建筑设计作品"萨伏伊别墅"

图2-45c 勒·柯布西耶建筑设计作品"萨伏伊别墅"

2-46）等人设计和建造了一系列具有新风格的建筑。其中影响较大的有：格罗皮乌斯的包豪斯校舍；勒·柯布西耶的萨伏伊别墅、巴黎瑞士学生宿舍和日内瓦国际联盟大厦设计方案；密斯·凡德罗的巴塞罗那博览会德国馆；弗兰克·劳埃德·赖特的流水山庄别墅等（图2-47）。以上四位建筑大师是现代派中最主要的代表。现代派建筑运动是由一大批人一起构造出来的一种风潮，在20世纪60年代末有人开始质疑他们之前，他们已经获得了巨大的成功，并且留下了一大批经典的建筑艺术作品。

八、后现代主义的居住性建筑思潮

后现代主义的建筑思潮自起源开始便充满了恣肆与无忌，它的设计理念包容了解构的思维与狂放的幻想，它的出现让世界的建筑形态增添了缤纷与绚丽的色彩。

1966年，美国建筑师文丘里在《建筑的复杂性和矛盾性》一书中，提出了一套与现代主义建筑尖锐对立的建筑理论和主张，在建筑界特别是年轻的建筑师和建筑系学生中，引起了震动和响应。到20世纪70年代，建筑界中反对和背离现代主义的倾向更加明显。对这种倾向，曾经有过不同的称呼，如"反现代主义""现代主义之后""后现代主义"，而"后现代主义"用得较广。

后现代主义建筑有三个特征：采用装饰；具有象征性或隐喻性；与现有环境融合。后现代主义建筑设计大师文丘里批评当代建筑设计师热衷于革新而忘了自己应是"保持传统的专家，建筑设计师在保持传统做法的同时应当利用传统部件和适当引进新的部件组成独特的总体，通过非传统的方法组合传统部件"。

西方建筑杂志在20世纪70年代大肆宣传后现代主义的建筑作品。但实际上，直到20世纪80年代中期，堪称有代表性的后现代主义建筑，无论在西欧还是在美国仍为数寥寥。比较典型的有美国奥柏林学院爱伦美术馆扩建部分、美国波特兰市政大楼、美国电话电报大楼、美国费城老年公寓等。

人们对后现代主义的看法分歧很多，又往往同对现代主义建筑的看法相关。部分人认为现代主义只重视功能、技术和经济的影响，忽视和切断新建筑和传统建筑的联系，因而不能满足一般群众对建筑的要求。他们特别指责与现代主义相联系的国际式建筑不能同各民族、各地区的原有

图2-46 密斯·凡德罗建筑设计作品"画室眺望"

图2-47 弗兰克·劳埃德·赖特建筑设计作品"流水山庄"

建筑文化协调，破坏了原有的建筑环境。

许多人认为现代主义建筑并不比传统建筑经济实惠，我们需要改变对传统建筑的态度。也有人认为现代主义反映产业革命和工业化时期的要求，而一些发达国家已经越过那个时期，因而现代主义不再适合新的情况了。持上述观点的人寄希望于后现代主义。

反对后现代主义的人士则认为现代主义建筑会随时代发展，不应否定现代主义的基本原则。他们认为现代主义把建筑设计和建筑艺术创作同社会物质生产条件结合起来是正确的，主张建筑师关心社会问题也是应该的。相反，后现代主义者所关心的主要是装饰、象征、隐喻传统、历史，而忽视了许多实际问题。

在形式问题上，后现代主义者搞的是新的折中主义和手法主义，是表面的东西。因此，反对后现代主义的人认为：现代主义是一次全面的建筑思想革命，而后现代主义不过是建筑中的一种流行款式，不可能长久，两者的社会历史意义不能相提并论。

也有的人认为后现代主义者指出现代主义的缺点是有道理的，但开出的"药方"并不可取。认为后现代主义者迄今拿出的实际作品，就形式而言，拙劣平庸，不能登大雅之堂。还有人认为后现代主义者并没有提出什么严肃认真的理论，但他们在建筑形式方面突破了常规，特别在其作品的设想与创意上有较大启发性。

例如1982年落成的美国波特兰市政大楼，是美国第一座后现代主义的大型官方建筑。楼高15层，呈方块体形。外部有大面积的抹灰墙面，开着许多小方窗。每个立面都有一些古怪的装饰物，排列整齐的小方窗之间又夹着异形的大玻璃墙面。屋顶上还有一些比例很不协调的小房子，有人赞美它是"以古典建筑的隐喻去替代那种没头没脑的玻璃盒子"。

进入21世纪之后，由于世界经济的不断发展与进步，建筑和建筑师的数量在世界范围内有大幅度的增加，建筑设计的多样性与前卫性日新月异、景象万千。如果用某一种观念去概括与总结当代居住性建筑的风格与流派，也许时机还不够成熟。

第四节 居住空间设计未来的发展

未来的居室空间设计应是一种"绿色设计"，它包括两方面的含义：一是室内空间所使用的材料，必须采用新技术，使其达到洁净的"绿化"要求；二是创造生态建筑，使室内空间系统达到自我调节的目的，同时也包括在室内外空间大量使用绿化手段，用绿色植物创造人工生态环境。

未来人们对室内的采光、日照、通风、空气质量等诸多因素同样有着越来越高的要求。不仅要求居室内部的房间齐全，动静分开，洁污分离，主要居住的房间阳光充足，各种设施完善，能满足节能需要，还要求形式更现代，更接近自然，具有时代

感，能够体现自由，体现家庭的亲切。在注重外观
形式的同时对外观的质量和材料也有相应的要求，
新技术、新材料的发展，创造了这种可能，也使形
式更加多样化。

展望中国居住空间设计的未来，必须遵循当前
国家发展的脚步，过去的大量农村人口会逐渐走向
城市化居住的方向。居住人群的年轻化会带来居住
空间设计的新思路和新理念，特别是高科技领域的
迅速发展，对居住空间设计产生着实质性的影响。

不久的将来或者说就在今天，一种特殊的生活
方式开始逐渐成形，除了联动的通信网络之外，人
工智能化发展对居住空间设计提出了新的挑战。人
们远在千里之外，可以打开室内的暖气系统、照明
系统、电器设施等，超前的科技化设计方向不再是
一种幻想。人与人的新型沟通方法、人与物的联动
已经走进了千家万户。甚至中国社会形态的发展，
开始引领人类生活的变革方向，这种变革是人类不
可想象的，是我们过去的居住方式从未发生过的一
种观念性转变。

过去的年代，我们的居住空间发展还在西方社
会的步伐之后，而今天的中国，人类对居住方式有
了全新的诠释。中国的居住空间设计，开始产生"前
无古人"的一种文化状态，唯有不断地创新与探索，
才是我们必然的路径。从今往后，我们会继续创造
性地完善生活环境，这是给予我们居住空间设计者
未来的广阔天地。(图2-48~图2-50)

图2-48 上海汤臣一品

图2-49 北京西单上国阙

图2-50a 龙湖悠山郡　王新福　摄

图2-50b 龙湖悠山郡　王新福　摄

3

居住空间设计程序和方法

3　居住空间设计程序和方法

居住空间设计是一项复杂的工程，必须按照一定的实施程序，把思维中的想象空间构筑到人们的现实生活中来。同时居住空间设计又是一项需要思维和表达紧密结合的工作，有许多思维与表达的程序和方法需要设计师去掌握。

第一节 设计程序

室内设计是一个完整而系统的，有条理且有目的的过程，绝不仅仅是画画效果图而已。其设计概念也应该是在占有广泛材料后的自然流露。要想搞出一套完备的高水平的室内设计，必不可少地要经过如下过程：

一、设计前期准备阶段

设计的首要问题是资料的占有程度。因此，需要进行完善的调查、横向的比较，搜集大量好的资料，并对其归纳整理，从中发现问题，进而加以分析和补充。通过这样的过程，设计才会在模糊和无从下手当中渐渐地清晰起来。

然后在获得信息的基础上，做意向调查。在调查中找谁洽谈，谈什么内容，要事先拟定计划。通过与业主的交谈，了解业主的家庭结构形态（新生期、发展期、老年期）、家庭综合背景（籍贯、教育、信仰、职业）、家庭性格类型、家庭生活方式、家庭收入条件；了解对居室的要求，比如建筑形态、色彩、照明、材料与结构。对这些都了解后才能做出合理的计划。

二、构思方案设计阶段

这一阶段需要根据准备阶段所得的资料提出各种具有可行性的设计构思，选出最优方案。按对方要求进行空间分割，合理地组织空间环境的关系，确定整个建筑空间和部分室内空间的格调、环境气氛和特色。进一步落实材料、色彩、照明的选择。

设计的实现要依靠方案设计图向业主体现，设计师也要通过方案设计图来完善自己的设计。平面图、立面图要绘制精确，符合国家制图规范；透视图要能够再现室内空间的真实情况。一套完整的方案设计图应该包括平面图、立面图、效果图以及相应材料的样板图和简要的说明。

三、施工图设计阶段

当设计方案确定下来，接下来的事情就要依靠施工图阶段深化设计。施工图设计阶段的重点在于"规范"和"标准"，这个标准是施工的唯一科学依据。施工图设计是以材料、构造体系和空间尺度体系为基础的。一套完整的施工图纸应该包括三个层次的内容：界面材料与设备位置、界面层次与材料构造、细部尺度与图案样式。

施工图设计需要把握不同材料使用的类型特征，材料连接方式的构造特征，环境系统设备与空间构图的有机结合，界面与材料过渡的处理方式。

施工图设计阶段包括施工说明、门窗表、平面图、平顶图、地面铺装图、立面展开图（或剖视图）、剖面图、节点详图和造价预算。

四、细部设计阶段

细部设计包括家具设计、灯具设计和室内各个界面、门窗、墙面、隔断、顶棚等最终装修过程。这些方面的处理是对施工图设计的进一步补充。

五、设计实施阶段

施工阶段是设计指导施工的过程，也是检验设计是否合理的一个过程。因为设计图纸与实际建设多少有些出入，不可能百分之百准确，而且室内设计师也难免有缺乏实践经验或设计难以实行的情况，这就使得施工期间会出现意想不到的问题。所以首先要进行图纸的技术交底，向施工人员解释设计意图和施工要求；其次需要设计师在施工现场严格监督工程进度、材料规格、制作技法以及装饰材料的选样工作；然后由于现场结构、设施的调整，必须根据实地尺寸进行现场修改补充设计；最后完工后根据合同验收。

总之，居住空间设计是一个很复杂的过程，设计师应该博学多才，了解多方面的知识，有时必须亲力亲为，与业主、材料商、施工队充分合作，才能确保质量和效果。

第二节 设计方法

人类的思维活动包括两种方式，一种是语言思维方式，一种是图解思维方式，这两种思维方式虽然不同，但都依赖于视觉。它们之间的区别首先在于传递意念时使用的符号不同。图解分析的思维活动既可解决设计中的盲目性，又具有一定的逻辑性，并且能激发创造性思维。因此，在现代居住空间设计的思维活动中图解分析是不可替代的思维形式。

一、图解分析的思维方式

居住空间设计的图形思维方法实际上是一个从视觉思考到图解思考的过程。空间视觉的艺术形象设计从来就是居住空间设计的重要内容，而视觉思考又是艺术形象构思的主要方面。当思考以速写想象的形式转化成为图形时，视觉思维就转化为图形思维，视觉的感受转换为图形的感受，视觉感知的图形解释转化成为图解思考。

图解思考通常采用图解草图形式，图解草图能帮助设计师记忆大量的方案信息，也可以直接用来作为各类设计的记录，从设计记录中展现自己解决问题的想法。

图解草图必须简洁单纯，表述的内容不能太复杂，企图一次性表述太多的想法，势必难以一目了然，不仅达不到清晰集中的效果，也使图解草图失去了有效性。

二、图解方法种类

（一）设计图解分析方式

设计图解分析方式是指利用图解记录的形式对各种设计内容的需求、脉络、形式进行分析整理的一种逻辑分析方法。

室内设计领域经常使用以下三种设计图解分析方法：

1.关联矩阵坐标法

关联矩阵坐标法是以一维的数学空间坐标模型为图形分析基础的，表现时间与空间或空间与空间相互关系的最佳图形模式。这种图形分析的方法广泛应用于空间类型分类、空间使用功能配置、工程进度控制等众多方面。

2.树形系统图形法

树形系统图形法是以一维空间点的单向运动与分离作为图形表现特征的，表现系统与系统相互关系的最佳图形模式。这种图形分析的方法主要应用于设计系统分类、空间系统分类、概念方案发展等方面。

3.圆方图形分析法

圆方图形分析法是一种室内平面设计的专用图形分析法，它通过几何图形从圆到方变化过程的对比来进行图解思考。在分析过程中，空间本体以"圆圈"的符号依照功能区分罗列出来，无方位的"圆圈"关系组合显示出相邻的功能关系，在建筑空间和外部环境信息的控制下，"圆圈"表现出明确的功能分区，并在"圆圈"向矩形"方框"的过渡中确立了最后的平面形式与空间尺度。

（二）空间图解方式

居室设计的核心是室内空间计划，设计师在空间计划明确之前，应该充分利用图解方式进行各种可行性的空间图式演算，其中包括空间关系、使用功能、尺度形状等。利用图解方式进行各种比较，反复对平面空间进行综合安排配置，让设计计划不断得到深化完善，这当中有许多方式和办法可以帮助我们。

空间的形式与空间的使用有着至关重要的关系，在同一空间内，设计师使用的方式可因内容不同而进行选择。有许多设定空间内容的形式与办法，如要判断空间形式划分是否适当，可针对设施、家具等拟定出多个方案进行比较，选择其中的最佳方案进行发展。在这种比较性草图逐步综合的同时，设计师的思维活动也就逐步展开和深化了。

（三）三维图解方式

空间是三维的，从平面认识空间，又从立面和剖面去加以发展，设计师进行空间分析时应从立面与剖面同时考虑。立面主要是指空间中界面装饰的形态以及家具、门窗、设施在各个墙面上的投影。立面能帮助我们认识空间尺度和比例，以及空间各组成部分的外部形态。剖面主要对家具等的内部构造和施工工艺进行详细的分解和表述，能帮助我们认识空间构造。靠立面和剖面能很好地构建室内的空间形态。

（四）轴侧图解方式

除立面和剖面的大样草图之外，图解的轴侧方式也是一种很好的空间观察方式。这种方式主要是从平面上去建立空间关系，以一种鸟瞰角度去观察空间平面和立面，这样空间构成关系可以一目了然，并且可以观察一些较为详细的内容。

轴侧图解方式以平面图为基础，再加以60度角的倾斜去建立垂直竖向的空间形态，这种方式能有效迅速地把握空间整体形态，并有相对的准确性。

轴侧面图解虽以草图方式进行，亦可附加文字、符号、标注、数字等，图文并茂的轴侧图解方式更具有说服力。

（五）透视图解方式

透视图是描述三维空间的最好方式，可以直接观察到空间效果，利用透视进行设计的调整、充实和重新编辑，充分考虑天、地、人之间的协调关系，使其更具有空间的统一性。

透视图解方式可以是很随意的草图形式，其目的是帮助设计师的空间观察，使我们对空间观察更加深入细致，通常可采用直观的透视方式。

透视图解同样可以用文字、数字、符号等补充说明内容。

（六）模型图解方式

模型图解用两种方式进行。第一种方式采用手工绘制方法，手工绘制是将设计思想的最初想法用立体图解的方式表现出来；第二种方式是用立体模型的建构方式制作出来。在制作模型的过程中尽量采用标准的比例尺进行搭接，模型色彩与材质用象征、近似等方式进行制作。（图3-1、图3-2）

三、图解方式的意义

（一）图解方式有利于人际交流

交流通常是指人与人之间有效的对话。设计师通过与业主的交流确定设计意识，通过与自己的交流发现问题、完善方案。交流是设计活动中一个重要的内容，可以确定设计意向、达成共识。图解交流是用图式语言来进行的，图式语言将抽象语言具体化，是一种最优的交流方式。

图3-1 蔡斌别墅概念模型设计

图3-2 陈典+薛菲概念别墅模型

（二）图解方式有利于设计分析

在设计创意阶段，设计需要对各种信息和资料进行分析处理。图解方式是帮助我们进行设计分析的有效手段和办法，利用各种表格、框架、草图、语言等对各种内容的脉络、形式、要求等进行推理和分析，确定其中各种关系。分析中包含理性与感性两方面内容，理性方面更侧重在平面组织、一贯性和等级这类因素，感性方面侧重于创意、情调、特殊效果等。这些都是设计分析的基础，最好利用图解思考的方式。

（三）图解方式便于创造性思维的发挥

设计的核心是创意，它贯穿于整个设计活动的始终。设计的过程就是一个寻求问题、解决问题的过程。图解分析的过程就是一种创造性思维的过程，通过分析、优选、对比，反复地利用图解方式进行比较，从而使设计不断地推进。也就是说图解思考完成的信息循环越多，最后的结果就越完美。因此，图解分析促进了创造性思维的发展，是现代室内设计最佳的思维表现方式。

第三节 制图规范

一、图纸的幅面和格式的规定

绘制技术图样时，应优先采用表3-1中规定的基本幅面。必要时允许加长幅面，加长部分尺寸。

1．图框格式

图纸上必须用粗实线画出图框，其格式分为不留装订边和留有装订边两种，如图3-3所示。应注意：同一产品的图样只能采用一种格式。

表3-1 图纸幅面　　　　　　　　　单位：mm

幅面代号	A0	A1	A2	A3	A4
尺寸B×L	841×1189	594×841	420×594	297×420	210×297
e	20			10	
c	10			5	
a	25				

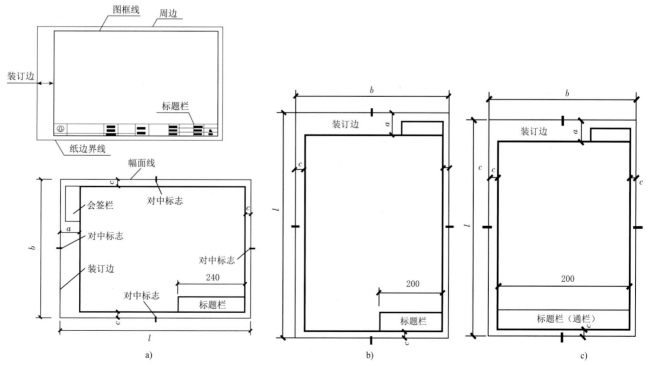

图3-3 图框格式

2．标题栏

每张图纸上都必须画出标题栏。标题栏的格式和尺寸按GB/T10609.1—2008的规定画出。(图3-4、图3-5)

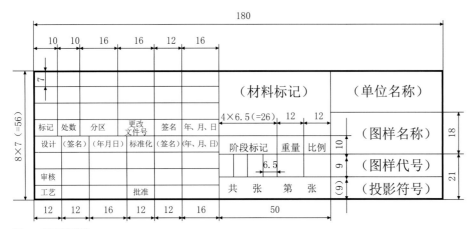

图3-4 图纸幅面表

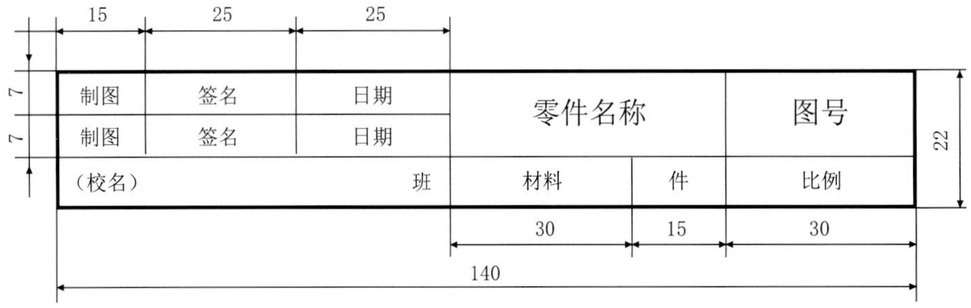

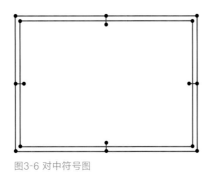

图3-5 标题栏格式

3．附加符号

⑴ 对中符号

为了使图样复制和微缩摄影时定位方便，应在图纸各边长的中点处分别画出对中符号。

对中符号用短粗实线绘制，线宽应不小于0.5mm，长度从图纸边界开始到伸入图框内约5mm为止。当对中符号处在标题栏范围内时，伸入标题栏的部分省略不画。(图3-6)

图3-6 对中符号图

⑵ 方向符号

当标题栏位于图纸右上角时，为了明确绘图与看图的方向，应在图纸下边的对中符号处画出一个方向符号，其所处位置方向符号是用细实线绘制的等边三角形。（图3-7）

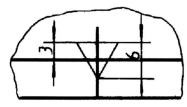

图3-7 方向符号图

当图样中的方向符号的尖角对着读图者时，其向上的方向即为看图的方向，但标题栏中的内容及书写方向仍按常规处理。

二、比例

设计的物体大小和复杂程度会有不同，例如室内装饰设计和汽车设计等，空间、形体都很大，所以必须缩小图面；而有些物品却很小，而且复杂，为了更清晰地表达其结构，就必须放大图面，例如手表盘的设计、玩具的传动系统等。

比例是所绘图形大小与实物大小之比。常用符号 M 来代表，如 M1：2，M5：1。图形比实物大的，称为放大比例，反之称为缩小比例。

关于比例的数值，国家标准有如表 3-2 的规定。

表中 n 为整数，其中有括号的比例尽量少用。在尺寸小于 2mm 时，可以适当夸大图面。

表3-2 国标规定的比例

比例相同	1：1
缩小比例	1：2 （1：25） 1：3 1：4 1：5 1：10n 1：2×10n 1：5×10n
放大比例	2：1 （2.5：1） 4：1 5：1 10：1 （10×n）：1

三、图线及用法

为了更清晰和准确地表达图样的形状、结构等内容，可采用不同的图线形式。

表3-3 中的 b 为所绘制的本张图纸上可见轮廓线设定的宽度，b 可在 0.4mm ~ 1.2mm 之间的宽度选定。一般图线宽度常选为 0.6mm ~ 0.9mm 之间，可以根据图形的大小和复杂程度选取。

表3-3 图线及用途

图线名称	图线形式	宽度	主要用途
粗实线	——	b	可见轮廓线
细实线	——	b/3	尺寸线、尺寸界线、剖面线
虚线	空长1，线长4	b/3	不可见轮廓线
点划线	点长3，线长15	b/3	轴线、对称中心线
波浪线	～～	b/3	断开处的边界线
双折线	～∧～	b/3	断开处的边界线
双点划线	—··—··—	b/3	假想的轮廓线

四、剖面符号的规定

在绘制图样时，往往需要将形体进行剖切，应用相应的剖面符号表示其断面。

五、字体的规定

图纸上总需要一些数字和文字来表达形体的大小尺寸以及相关的要求。为了统一规范，对数字和文字作如下规定：

（一）汉字

采用长仿宋体。字高与字宽的比约为 3：2。字体要求：横平竖直，字体端正，疏密得当，间隔均匀。长仿宋体的字号用字体高度（单位为 mm）表示，分为 20、14、10、7、5、3.5 和 2.5 七种。

（二）数字

数字分直体和斜体两种。斜体字向右倾斜，与垂直直线夹角约 15°。

（三）拼音字

拼音字也分成直体和斜体两种，斜体也是与垂直线夹角约 15°。拼音字分大写和小写，大写显得庄重稳健，小写显得秀丽活泼，应根据场合和要求选用。

六、尺寸标注规范

尺寸是决定物体形状和大小的数值，是加工制作的依据。标注尺寸的基本要求是正确、清晰、完全、合理。

在标注尺寸时应遵循以下原则：

（1）所标尺寸均以 mm 为单位，但不写出，如 234、76 等都不用标注单位。

（2）每一个尺寸只标注一次。

（3）应尽量将尺寸标注在图形之外，不与视图轮廓线相交。

（4）尺寸线要与被标注的轮廓线平行，尺寸线从小到大、从里向外标注，尺寸界线要与被标注的轮廓线垂直。

（5）尺寸数字要写在尺寸线上边。

（6）尺寸线尽可能不要交叉，尽可能符合加工顺序。

（7）尺寸线不能标注在虚线上。

（图 3-8）

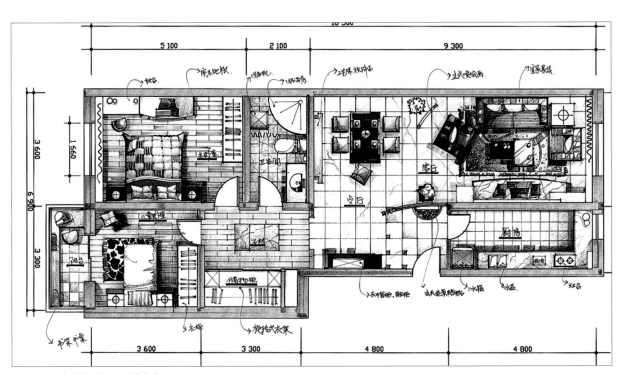

图3-8 CAD（计算机辅助设计）参考图

4

居住空间组织与界面处理

4 居住空间组织与界面处理

居住空间组织，包括平面布置，首先需要对原有建筑的意图充分理解，对建筑物的总体布局、功能分析、人员流动及结构体系等有深入的了解，在室内设计时对室内空间和布置予以完善、调整或再创造。

现代居住空间组织需要满足人们的生理、心理等要求，要综合地处理人与环境、人际交往等多项关系，需要在为人服务的前提下，综合解决使用功能、经济效益、舒适美观、环境氛围等种种要求。

居室界面处理是指对居室内空间的各个围合面的底面（地面）、侧面（墙面、隔断）和顶面（天面）的使用功能和特点的分析，界面的形状、图形线脚、肌理构成的设计，以及界面和结构构件的连接构造，界面和水、电等管线设施的协调配合等方面的设计。

第一节 居住空间组织

一、居住空间的概念

居住空间，就是居室的物质——人、人的运动、家具器具、环境物态等存在的客观形式，由居室界面（墙面、地面、顶面）的长度、宽度、高度将空间从地表大气空间中划分、限定出来。居住空间是人类赖以生存的保护性设施，是完全区别于自然环境的，同时也是人类工作、生活和学习的必需品。它不仅能反映人们的生活特征，还制约着人和社会的各种活动，制约着人和社会的观念和行为。此外居住空间受社会、经济、功能、技术、宗教以及审美因素的影响，因此组合好居室室内空间是良好工作和生活的重要保障。

二、室内空间功能

室内空间功能包括物质功能和精神功能。

（一）物质功能

指使用方面的要求，如空间的面积、大小、形状、合适的家具、合理的设备布置，并要求使用方便，节约空间，具有疏散、消防、安全等措施以及科学地创造良好的采光、照明、通风、隔热、隔音等物理环境。

（二）精神功能

指在物质功能的基础上，在满足物质需求的同时，从人的文化、心理需求出发的功能。如人的不同爱好、愿望、意志，审美情趣、民族文化、民族象征、民族风格等，并能充分体现在空间形式的处理和空间形象的塑造上，使人们获得精神上的满足和美的享受。因此，空间设计的美感包括形式美和意境美，而这两者在对室内空间的分隔与组合过程中都有所体现。

三、居住空间类型

居住空间的类型随着时代的发展而变化，下面介绍几种常见类型：

（一）封闭空间

指由室内空间上下和四周各方位的界面严密围合而形成的空间，具有内向性、封闭性、私密性以及拒绝性的特点，有很强的领域感和安全感，与周围环境的关系较小。但是有时室内空气不流通，有害气体不能及时排除，对人身体不利。

（二）开敞空间

在封闭空间基础上，选择景观、通风良好和不受或少受环境干扰的一两个方位，将该方向界面完全取消，使室内空间完全向该方位的环境敞开，这样形成的室内空间称为开敞空间。

开敞空间是外向性的，限定性和私密性较小，强调与周围环境的交流渗透，讲究与自然环境的融合。在视觉上，空间要大一些；在人的心理上，表现为开朗、活泼，具有接纳性。

开敞空间一般用作室内外的过渡空间，有一定的流动性和趣味性，是开放心理对环境的一种需求。

（三）动态空间

主要是从空间的效果而言的。动态空间可以引导人们从动态的角度对周围的环境以及景物进行观察，把人们带到一个多维度的空间之中，具有物理和心理的动态效果。

与封闭空间相比，动态空间的室内，人们的活动范围和人的视觉感官有很大的拓展性，从而人们的身心在这类空间中也得以舒展，空间之间的联系得到加强。但是在这类空间中人们的活动互相干扰较大，功能处理较复杂。

（四）静态空间

指通过饰面、景物、陈设营造的静态环境空间。静态空间一般限定性比较强，趋于封闭，私密性较强，多为极端式空间。构成也比较单一，视觉往往被引导在一个方向或落在一个点上，空间表现力非常清晰明确，一目了然。静态空间常给人以恬静、稳重的感觉，适用于客厅、卧室。

（五）虚拟空间

它不是实体空间，而是一种利用虚拟的手法创造的空间，更确切地讲是一种无形的空间感。

虚拟空间的作用表现在两个方面：首先是功能上的需要，在大空间之中开辟或划分小的空间，在不同的小空间形成各自不同的特点、格调、情趣和意境，具备各自不同的功能；其次是精神功能的需要，人在精神上需要其所处的空间有丰富的变化，甚至需要创造某种虚幻的境界来满足。

（六）固定空间

是由一种不变的界面围合而成，使用性质不变、位置固定、功能明确的空间，其属性具有实体的、物理的特性。厨房、卫生间常常按固定空间处理。

（七）可变空间

与固定空间相反，为了适应不同使用功能的需要而改变空间形式，其属性具有可变的特征。因此常用灵活的分隔方式，用隔墙、隔断、家具把空间划分成不同的空间形式。

四、居住空间分隔利用

居住空间设计主要是靠对室内空间的组织来实现，就是说设计者根据房间的使用功能、特点、心理要求，利用平面或立体的分隔、设施或陈设的组合，划分出实用、合理又极富有灵感的空间来。分隔可分为实体分隔与虚拟分隔两种。

（一）实体分隔

可用隔墙、家具、屏风、帷幔等实物进行分隔。小面积居室分隔应尽量少用砖隔断，而使用家具进行分隔布置。如用书架、组合柜来隔断卧室与客厅的空间。还可用落地罩、博古架来进行分隔。博古架透空，陈列的古玩两侧均可欣赏，这是一种工艺性很强的隔断。屏风多用于宾馆，用镂空式、透明或半透明的屏风来分隔小居室，既能起到分隔空间的作用，又能使室内灵活多变，增加室内空间的层次感，丰富生活，美化环境。

在分隔时还常遇到这样的情况：有时需要全部封死，有时又不需要分隔，比如较大的孩子与父母同居一室，睡眠时需全部封死，白天则不必分隔。这就要采取灵活多变的办法，比如用帷幔或用屏风来分隔，用时可拉开，不用时则合拢。安装于墙壁上的活动折叠隔断也是一种可开可合、方便灵活的分隔空间手段，只是安装相对比较麻烦。

（二）虚拟分隔

虚拟分隔用实物以外的其他因素给人造成一种不同空间的感觉。

适当地抬高或下降地面可以虚拟分隔空间。比如在卧室中造一个地台，上面放床，就可以很自然地和化妆区、贮物区等分隔开。

适当地改变顶棚高度也可以虚拟分隔空间。将同一居室顶棚装修为不同高度可以划分不同功能区。顶棚、墙面、地面用不同的质地、色彩、图案的材料装修也能起到分隔的效果。比如在起居室沙发前铺一块地毯就可以形成一个会客区，而与其他功能区分开。

光和影也可以虚拟分隔空间。若把一束光投照到房间一角，使它与房间整体光线明暗有显著差别，这一角就形成了一个新空间。

空间的虚拟划分更为灵活。如果对一个多功能的居室进行实体划分，将它们一一割裂，空间会非常琐碎也会失去融和的生活气氛。如进行虚拟划分，便可形成功能既有区分又融为一体的居室。这样的居室设计会更有整体感，生活气氛也显得更为融洽。

当然，居室究竟怎样分隔还要由家庭成员的情况、对居室的功能要求、居室实际状况等来决定。比较合理的是采用虚实结合的手法进行合理的分隔和利用空间。

第二节　空间的序列

空间的序列设计就是处理空间的动态关系，因为空间基本上是由一个物质同感觉它的人之间产生的一种相互关系。空间以人为中心，人在空间中处于运动状态，并在运动中感受、体验空间的存在序列。这种序列是空间环境的先后活动的顺序关系，是设计师按建筑功能给予合理组织的空间组合，是大小空间、主空间和辅空间的穿插组合，是设计师根据建筑的物质功能和精神功能的需求，运用各种建筑符号进行创作的主题。

一、空间序列过程

序列的全过程，一般可以分为下列几个阶段：

（一）起始阶段

这个阶段为序列的开端，开端的第一印象在任何艺术中无不予以充分重视，因为它与预示着将要展开的心理推测有着习惯性的联系。一般说来，具有足够的吸引力和良好的第一印象是起始阶段考虑的主要核心问题。

（二）过渡阶段

它既是起始后的阶段，又是出现高潮阶段的前奏，在序列中，起到承前启后、继往开来的作用，是序列中关键的一环。人既有迎接高潮前的急切，又有等候中的压抑，心理充满矛盾，需要获得一定的抚慰和调节。可考虑在空间处理上体现关怀，手法上给予温馨的表达。

（三）高潮阶段

高潮阶段是全序列的中心，从某种意义上说，其他各个阶段都是为高潮的出现服务的，因此序列中的高潮常是精华和目的的所在，也是序列艺术的最高体现。人在此时达到感官和心灵刺激的最大限度，期盼得到满足，情绪激发达到顶点。把高潮处理成全部序列艺术的中心，是室内环境精华所在。

（四）终结阶段

由高潮恢复到平静，以恢复正常状态是终结阶段的主要任务，它虽然没有高潮阶段那么显要，但也是必不可少的组成部分。通常以平淡手法，简单处理来对待。

二、空间序列设计的手法

（一）导向性

采用导向的手法是空间序列设计的基本手法，它以建筑处理手法引导人们行动的方向，让人们进入该空间，就会随着建筑物空间位置自然而然地行动，从而满足建筑物的物质功能和精神功能。如在装饰灯具、绿化组合、天棚及地面，采用彩带图案、线条等强化导向，暗示和引导着人们行动的方向和注意力。

（二）视觉中心的安排

在一定范围内引起人们注意的目的物称为视觉中心。视觉中心一般以具有强烈装饰趣味的物件作为标志，它既有欣赏价值，又能在空间上起到一定的注视和引导作用。

（三）空间环境构成的多样与统一

空间序列的构思是通过若干相联系的空间，构成彼此有机联系、前后连续的空间环境。中国园林"山重水复""柳暗花明""迂回曲折""豁然开朗"等空间处理手法，都是采用过渡空间将若干个相对独立的空间有机联系起来并将视线引向高潮的。

第三节 室内界面设计

居室界面设计，即围合、分隔空间，从而形成居住空间的底面（地面）、侧面（墙面、隔断）和顶面（天面）。特别是顶面（天面）的确定，这是确定居住空间室内外的依据。

从室内设计的整体观念出发，我们必须把空间与界面有机地结合在一起来分析对待。具体的设计过程中，在室内空间组织、平面布局基本确定以后，对界面实体的设计就显得尤为重要。

一、居室界面的作用

居室界面在室内空间中有特殊作用，它创造了室内使用空间。但是界面由于所处位置、作用不同，有着不同的使用性质和功能特点。

（1）室内地面主要起承重作用。

（2）墙面起划分空间、围合和保暖作用。

（3）顶棚起保暖和防止雨水或划分垂直方向空间的作用，也起承载一些悬挂物的作用等。

二、界面的基本要求

由于界面的位置和所起的作用不同，对界面的要求也不同。

（一）稳定性和耐久性

稳定性指在任何气候环境下，界面技术性能不变。耐久性指长期正常使用下，不被损失或自然损坏。

（二）耐燃性和防火性

应根据国家相关规定选择相应防火等级的材料。

（三）美观装饰性

界面能给人愉悦的生活环境，这也是室内装饰的基本要求。

（四）易于加工性

界面材料是现场按具体尺寸加工安装的，材料在加工过程中必须注重选择易于切割、拼接的材料。

（五）对人体无毒害

现在的装修材料多是合成化学产品，挥发性有害气体和有害物质不能超过国家规定。

（六）必要的保温隔热、隔声吸声性能

界面在使用期要能维持室内物理环境，所以应具备必要的保湿隔热、隔声吸声特性。

（七）相应经济性

装饰装修是一项大众化普及的业务，界面装饰材料价廉物美才能在市场生存。

三、各类界面的功能特点

（1）底面（地面）——人要在上面直接行走和长时间直接接触，所以必须耐磨、防滑、易清洁、防静电。

（2）侧面（墙面、隔断）——阻挡视线，较高的隔声、吸声、保暖、隔热要求。

（3）顶面（天面）——质轻、光反射率高，较高的隔声、吸声、保暖、隔热要求。

四、界面设计六个原则

界面处理要求界面质、形、色的协调统一，尤其是对居住空间的营造产生重要影响的因素，如：布局、构图、意境、风格等。

居住空间室内界面设计既有功能技术要求，也有造型和美观要求。作为材料实体的界面，有界面的材质选用，界面的形状、图形线角、肌理构成的设计，以及界面和结构构件的连接构造，风、水、电等管线设施的协调配合等方面的设计。

基于以上概念，居住空间界面处理可以概括为六个原则，即"功能、造型、材料、实用、协调、更新"。

（一）功能原则——技术

当代著名建筑大师贝聿铭有这样一段表述："建筑是人用的，空间、广场是人进去的，是供人享用的，要关心人，要为使用者着想。"也就是说，使用功能的满足自然成为居住空间设计的第一原则，需要用不同界面设计满足其不同的功能需要。例：起

居室功能是会客、娱乐等，其主墙界面设计要满足这样的功能。

（二）造型原则——美感

居室界面设计的造型表现占很大的比重。其构造组合、结构方式使得每一个最细微的建筑部件都可作为独立的装饰对象。例：门、墙、檐、天棚、栏杆等做出各具特色的界面和结构装饰。

（三）材料原则——质感

居住空间的不同界面不同部位选择不同的材料，来求得质感上的对比与衬托，从而更好地体现居室设计的风格。例：界面质感的丰富与简洁、粗犷与细腻，都是在比较中存在，在对比中得到体现的。

（四）实用原则——经济

从实用的角度去思考界面处理在材料、工艺等方面的造价要求。例：餐厅界面设计中，地板砖材料选用经济实用的价格也是衡量的一个依据。

（五）协调原则——配合

起居室顶面设计中重要的是必须与空调、消防、照明等有关设施工种密切配合，尽可能使吊顶上部各类管线协调配置。例：起居室空调、音响、换风等。

（六）更新原则——时尚

21世纪居住空间消费趋势呈现出"自我风格"与"后现代"设计局面，具有鲜明的时代感，讲究"时尚"。例：原有装饰材料由无污染、质地和性能更好、更新颖美观的装饰材料取代。

五、居住空间界面设计的思考

（一）天面

基于界面设计的六个原则，引申出对居室天面、墙面、地面设计上的一些思考。天面与地面是室内空间中相互呼应的两个面。作为建筑元素，天面在空间中也扮演了一个非常重要的角色。首先它的高度决定空间尺度，直接影响人们对室内空间的视觉感受。不同功能的空间都有对天面尺度的要求，尺度的不同，空间的视觉和心理效果也截然不同。同样，天面上有平面的落差处理，也有空间区域的区分作用和效果。天地之间是墙，因此高度被天面所决定，所以在进行室内设计过程中，天面总是需要优先于墙面进行考虑、规划。（图4-1）

图4-1a 别墅天面

图4-1b 别墅天面

（二）墙面（隔断）

墙是建筑空间中的基本元素，有建筑构造的承重作用和建筑空间的围隔作用。与其他建筑元素不同，墙的功能很多，而且构成自由度大，可以有不同的形态，如直、弧、曲等，也可以由不同材料构成（有机的、无机的）。因此在建筑空间里，设计师对墙的表现最为自由，甚至随心所欲。

墙与柱一样也有天地界面，有墙头墙脚之分。在空间中墙的尺度由天面和地面的尺寸决定。墙与天面和地面有不可分割的联系，墙开洞而造成门窗，因此墙与空间中的门窗也有密切的关系。

不同功能空间对墙的要求不同，墙的构成千姿百态，丰富了建筑空间，因此墙成为设计师创造理想空间的重要元素。

墙的形式随着建筑技术和手段的进步而丰富多彩，形态有虚实、色彩、质地、光线、装饰等种种变化。因此，墙的表现有助于室内情调与氛围的造就。墙是设计师室内造型表现的重要角色，正因为如此，在居室室内空间设计中，应该把墙的表现与空间的使用设施装置的形态与色彩联系起来，主墙的表现融入整体设计之中。（图 4-2）

图4-2a 别墅墙面

图4-2b 别墅墙面

图4-2c 别墅墙面

（三）地面

地面色彩是影响整个空间色彩主调和谐与否的重要因素，地面色彩的轻重、图案的造型与布局，直接影响室内空间视觉效果。因此居住空间设计既要充分考虑色彩构成的因素，还要考虑地面材质的吸光与反光作用。地面拼花要根据不同环境要求而设定，通常情况下色彩构成要素越简单，整体效果越好。拼花要求加工方法单纯明快，符合人们的视觉心理，避免视觉疲劳。因此在进行地面设计时，必须综合考虑多种因素，顾及空间、凹凸、材质、色彩、图形、肌理等关系。（图4-3）

六、界面装饰材料选用

（一）界面装饰材料选用原则

材料选用直接影响室内设计整体的实用性、经济性、环境气氛和美观等。设计人员应熟悉材料质地、性能、特点，了解材料价格、施工操作工艺的要求，善于和精于运用当今先进的物质技术手段，为实现设计构思创造坚实的基础。所以，界面装饰材料的选用原则是：

（1）适应室内使用空间的功能性质；

（2）适合建筑装饰的相应部位；

（3）符合更新的、时尚的发展需要。

概括地讲，界面装饰材料的选用，除了在便于安装、施工和更新上考虑外，还应注意"精心设计、巧于用材、精选优材、一般材质新用"。

（二）界面材料的选用

界面主要是墙面、地面、顶面、各种隔断，它们有各自的功能和结构特点。不同界面的艺术处理和材料的应用都是对形、色、光、质等造型因素的恰当配置与表现。

地面以存在的周界限定生存的场所，可配实木地板，体现自然纯朴、温暖和舒适感；石材地板体现稳重、光泽、庄严感、清凉感；瓷砖地面质感致密、光影强、平整、光滑和图案丰富。

天面在人的上方，它对空间的影响要比地面更为显著。材料用夹板、石膏板、金属板、铝塑板等，在

图4-3a 别墅地面　王新福　摄

图4-3b 别墅墙面　王新福　摄

图4-3c 别墅地面

使用材料的同时，应考虑到天花内部的通风、电气线路、灯具、空调管、烟道、喷淋等设施。

对于墙面，应处理好形状、质感、材料、纹样和色彩等因素之间的关系。同时对墙面做适当选材处理，成为从视觉上分割空间的方法之一。如玻璃镜面在墙面上起到拓展空间的视觉效果；装饰面板贴墙，不同木质的花纹装饰面板，产生不同的空间艺术效果，如质朴和亲切感。

隔断所使用的材料可用实木夹板、合金铝材、玻璃、不锈钢面材和管材、大理石面材、高密度复合板材，另外还可用可以飘动的各种纤维垂帘等。

5

居住空间设计区域划分

5 居住空间设计区域划分

居住空间区域划分是指室内空间的组成，以家庭活动需要为划分依据，如群体生活区域、家务活动区域。其中群体活动区域具有开敞、弹性、动态以及户外连接伸展的特征；家务活动区域则具有私密、稳定、流畅的特征；私密生活区域具有宁静、安全、领域稳定的特征。以此作为划分依据，可以将家庭活动的需要与功能有机地结合。

第一节 群体生活区域

这是以家庭公共需要为对象的综合活动场所。这种群体区域在精神上代表着伦理关系的和谐，在意识上象征着邻里的合作。家庭的群体活动主要包括聚谈、视听、阅读、

用餐、娱乐及其他游戏等内容。这些活动的规律、状态随着不同的家庭结构和家庭特点而变化，有时有极大差异。我们可以加强群体空间的弹性机能，使其功能多用。按功能及其群体常分为以下区域：

一、门厅

居室自大门通往室内的出入通道称作门厅，或称过道、走廊。门厅是文明型居室户内空间序列的起始点，它标志着涉足住户私有领域的界限，属于过渡行为空间。一般面积为 2 ~ 4 m²，面积虽小，却与家庭舒适度、品位和使用效率息息相关。（图5-1a、图5-1b）

（一）门厅分类

根据其面积大小可分为走道和门厅。居室自大门通往各居室的一条短而狭的小道，称为走道或走廊。门厅与走道相比，不仅仅在面积上有所增加，更重要的是在功能上，已从过渡性的室内通道发展为承担某种居室功能的场所。这种演变标志着居室建设由单一功能空间向多功能空间过渡，由居住封闭型向生活开放型发展。

（二）门厅作用

门厅的主要功能是在人们出入通行时起缓冲作用，是人们出入家门时换鞋和整装的空间。作为户内外过渡空间，可减少视线和噪音对居室的干扰，加强私密感、避风防寒、隔热保温、通风等。

（三）设计原则

门厅设计风格既要与客厅保持一致，又要有自己的个性；既要简洁生动，又要风格独特，易于辨识。第一要充分考虑贮藏功

图5-1a 门厅　王新福 摄

图5-1b 门厅　王新福 摄　　　图5-1c 门厅　王新福 摄

图5-2a 起居室

图5-2b 起居室

图5-2c 起居室

能，必须有足够大的空间方便家人和客人脱衣、挂帽、换鞋等。第二要有充分的展示功能，利用具有装饰效果的艺术品、鲜花等来弥补空间的单调。第三要注意安全性，阻挡视线进入客厅，避免客厅被暴露，增加居室的层次感。（图5-1c）

二、起居室（客厅）

起居室既是家庭群体活动的主要空间，也是主人向外界展示自己职业、性格、情趣、修养的主要场所。位置要设在居住空间的中央地区，接近入口，但两者之间应适当隔断，避免直接由主入口向户外暴露，使人产生不良心理反应。起居室还应设在日照最佳位置，尽量利用户外景色。（图5-2）

布局上要结合自然条件、现有的居室因素以及环境设备等人为因素综合考虑，比如要有合理的照明、良好的隔音处理、适宜的温湿度、舒适的家具。

设计视觉形式以展露家庭特殊性格修养为原则，采用独具个性的风格和表现方法，使之充分发挥"家庭展览橱窗"效果。

（一）起居室规模

小型：360 cm×540 cm（约20 m²）。

中型：480 cm×600 cm（约29 m²）。

大型：600 cm×780 cm（约47 m²）。

（二）起居室的分类

起居室可按照功能进行划分：

聚谈中心——起居室的核心，是客人与主人交流情感、互通信息的重要场所，也是家人团聚尽享天伦之乐的理想地点。这里由于与其他私人空间分隔而与餐厅、厨房、门厅等地相通，可在此举办聚会、小宴会、生日晚会。其要求是要有适合的空间，合理摆设家具，利用台灯、靠枕、区域地毯、茶具、烟缸创造优雅悦目的气氛。

阅读中心——以休闲性阅读为目的，有书房的功效，尤其对于空间住房并不是很大的居室来说，正是一个合理又适用的方法。应选择光线良好、较安静的地方，如窗台、扶手椅背后，同时还要配置好台灯、书架、脚凳、靠枕、小地毯、茶具等。

音乐中心——目的是实现戏剧化，以乐团聚，以乐娱客。可选在美丽的落地窗边，音响做隐蔽式安装，如装在矮柜中不显露出来。这样有利于打扫空间和使用空间整体化，避免给室内空间带来零乱感。

电视中心——以单独设置为宜。人与电视机的距离为荧屏宽度的 6 ~ 8 倍，视线保持水平，有效角度为 45°，并设电视灯为好。

（三）起居室的设计原则

1. 要有明确的风格

起居室风格一定程度上反映了家庭的风格，主人要根据自己的爱好选择不同的风格，如古典式、现代式等。

2. 要有鲜明的个性特征

可通过起居室视觉效果、家具样式体现。比如挂在客厅中的工艺品、字画和花饰。

3. 要有合理的分区

娱乐、休息和聚会等是起居室的主要功能。但有的起居室比较大，还在客厅中设计出就餐和学习区域。应根据自身需要进行合理分区，如平时客人来得多，可把重点放在会客区的设计上。

三、餐厅

相比客厅，餐厅更应予以重视，在设计面积分配、装饰投入等方面，餐厅均应重于客厅。

餐厅是一个家庭每天感情交流的场所。一天 24 小时，8 小时上班，2 小时车程，而 1 小时的晚餐时间正是家人团聚的时刻。真正在客厅的时间，不会比在餐厅多。这个空间不能局促，不能像通常处理的那样：在厨房客厅的一角安放一张桌子以供匆匆用餐。家庭餐厅不应该搞成快餐厅，宽敞、明亮、舒适的餐厅是一个家庭不可或缺的。（图5-3）

（一）餐厅规模

小型：300 cm×360 cm（约 11 ㎡），四椅一桌。

中型：360 cm×450 cm（约 16 ㎡），八椅一桌。

大型：420 cm×540 cm（约 23 ㎡）。

图5-3a 餐厅

图5-3b 餐厅

（二）餐厅分类

餐厅主要有餐桌、餐椅和酒柜，形式上大致分为厨房兼容式、餐厅独立式、客厅兼容式。

1.厨房兼容式

是指厨房和餐厅同处一个空间，能够缩短配餐和用餐后的动线，减少用餐时间。由于厨房的功能相对较多，设备麻烦，需要合理布置餐厅和厨房，使其动线不受干扰。

2.餐厅独立式

是指餐厅与客厅或厨房完全隔开或利用较高的隔断分离出来，是一个相对独立的空间，设计上具有较大独立性。

3.客厅兼容式

是指客厅和餐厅是一个统一的整体，同处于一个开放的空间，有利于增加居室的公共空间，视野更开阔。

（三）餐厅的设计原则

1.使用方便

餐厅多邻近厨房，方便上菜，以靠近起居室的位置最佳，可以同时就座进餐和缩短食物供应的交通线路。

2.要有充足的光线

饭菜的"色美"感很大一部分要靠灯光实现，尽量不要选择不采光的房间。

3.餐厅装饰要美观和整洁

应该放点艺术品、盆栽作为点缀，以营造成一个适宜的就餐氛围。

4.餐厅要有相对独立的空间

如果条件允许，每一个家庭都应设置一个独立餐厅。如果不能设置独立餐区，只能与起居室共处一个空间位置，应注意餐桌旁边放上几张休闲椅子，既可用餐又可偶尔会客。

图5-3c 餐厅

图5-3d 餐厅

餐厅的面积可以适当地放大，条件允许的话，餐厅和厨房间的关联性应该强化一点，增加全家备餐的参与感，减少做餐的枯燥感。

四、家人室

起居室是正式的以成人为主体的活动场所，而家人室是非正式的多目标活动场所，兼顾儿童与成人的兴趣，将许多活动如健身、打牌、编织等结合在一起的空间，故又称第二起居室。按规模可分为：

小型：360 cm×480 cm（约17 m²）。

大型：420 cm×650 cm（约27 m²）。

其使用性质是完全对内的。切忌将它直接向起居室暴露，应设于服务区与起居室之间，以求新颖、轻松、自由、完全、实用的效果。（图5-4，图5-5）

五、书房

书房是供人们进行阅读、藏书、制图等活动的场所，功能较为单一，对环境要求较高。书房的位置应适当偏离起居室、餐厅、儿童卧室，以避免干扰；远离厨房、贮藏间等家务用房，以便保持清洁。（图5-6）

（一）书房的布局

书房布局与空间有关，包括空间形状、空间大小以及门窗位置等。但无论空间如何变化，都可分为工作阅读区域、藏书区域两部分。

工作阅读区域是书房的主体，在位置、采光上给予重点处理。首先，其要求是安静，尽量布置在居住空间的尽端，以避免户内交通的影响；其次，

图5-4 安徽宏村家人室　王新福　摄

图5-5 浙江徐霞客故居家人室　王新福　摄

图5-6a 书房

图5-6b 书房

朝向要好，采光要好，人工照明设计要好，另外和藏书区联系要方便；最后，藏书区域要有较大的展示面，以便主人查阅，特殊书籍还要求避免阳光直射。

布置书房，以安静为原则，力求美观、雅洁、实用。在布置时，应以写字台为中心，按照人在室内活动的规律，合理有序地布置家具。书房内的光线配置，应做到光线充足。书房内的天花板、墙壁、地面、家具、窗帘等，应统一在同一色调里，充分体现其整洁、明快和恬静之感。

（二）书房的样式

1.开放式书房

设于起居室或图书室适宜位置。在空间性格上为外向的，限定度和隐秘性较小，强调与周围环境的交流渗透，讲究相互融合、沟通。与相同面积的封闭空间相比，给人的心理效果应较为开朗、活跃，性格为接纳性的，具有一定的流动性和很强的趣味性。

2.独立式书房

独立式书房是在居住面积较宽松的情况下，规划出来专门用于读书、学习的清静空间，或私人办公室形态。它是长久性、稳定性较强的区域。

（三）书房设计原则

1.需要明亮的光线

书房是阅读的地方，光线不好就会对眼睛造成伤害。注意自然光和灯光的搭配。书桌放置在向阳的位置，书架上应放置小台灯便于查书。

2.保证书房环境的清净和整洁

书房是脑力活动场所，需要安静的环境来学习、思考，可采用隔音设备。书的摆设要按照书的大小排列，笔要放进书筒，本子要叠放整齐。

3.重视个性的设计

根据个人需要决定书房的设计风格。如悬挂几幅字画或配以优雅的古典乐曲。

第二节 家务工作区域

家务工作区域是解决我们生活、休息、工作、娱乐等一系列要求的地方，它必须具备清洁、贮藏、洗涤等功能，为一切家务活动提供必要的空间，以确保这些家务活动不影响家居生活中其他的使用功能。同时良好的家务工作区域也能提高工作效率，使有关的膳食调理、衣物织物、清洁维护等复杂事物都能在省时、省力的原则下顺利完成。家务工作区域包括厨房、家务室、工作室、贮藏室、车房等，下面重点介绍一下厨房、储藏室。

图5-6c 书房   图5-6d 书房

图5-7a 厨房

图5-7b 厨房

一、厨房

厨房在人们的日常生活中占有重要地位，一日三餐都与厨房发生密切的关系。厨房的主要作用是炊事，兼顾洗涤或进餐，是居室内使用最频繁、家务劳动最集中的地方，一般与餐室和家人室邻近为佳。厨房一般配备微波炉、冰箱、灶具、洗涤盆、抽油烟机、储物柜等。

俗话说："看客厅，就可以知道主人的事业成就；看厨房，才知道主人的生活品位。"如今厨房已经成为家庭生活的重心，成为一家人情感交流、品味生活的地方。

现在还有些家庭独立设立家务室，并把家务室作为厨房的附属部分，家务室一般设有洗衣机、洗涤池、熨衣板等，在做饭的同时可以兼顾做家务，提高效率。(图 5-7a、图 5-7b)

（一）厨房按功能分区

清洗中心——水槽；洗涤餐具食物，供应清水，废物处理。

配膳中心——由配膳台与贮藏台、冰箱、小型墙壁吊橱组成。

烹调中心——主要装备炉灶、烤箱、抽油烟机、微波炉等。

计划中心——书写台、抽屉、电话。

供应中心——供应柜、窗口、餐车。

用餐中心——便餐区。

（二）厨房类型

厨房与餐厅是两个联系最为紧密的空间，依据两者之间的关系，厨房可分为三类：

1. 开敞式厨房

在居室设计中相当流行，开敞式厨房顾名思义就是将起居室、餐厅、厨房三个空间打通，实现各个空间之间的空间共享。最大限度扩展了空间感觉，达到视野开阔、空气流通的效果，并且便于家庭成员之间的交流。人们生活在宽敞的活动空间，会把做饭当成一件乐事。麻烦的地方在于易使其他的环境遭油烟侵袭。开放式厨房适用于房屋面积较小、用餐频率少，且以西式料理为主的家庭。

2. 封闭式厨房

将厨房与餐厅完全分开，单独布置于一个封闭空间的厨房空间形态。其特点是不受干扰，各种油烟气味不会污染其他房间，较适合中国人的烹调习惯。不过也有先天不足，长时间在此劳作使人感到压抑，容易造成身体的疲劳，而且厨房与就餐的联系不是很方便。

3.餐厅式厨房

是一种把就餐空间与厨房布置在一起，空间较大的独立封闭式厨房。这种厨房兼有上述两种类型的优点。但是这种厨房形式同样对灶具和抽油烟设备提出很高的要求。

要想有比较理想的厨房，必须先现场丈量，做出合理的规划和实用的布局设计，以达到实用、易清洁、有个性的目的。

（三）厨房的空间动线设计

人们准备食物的顺序一般是先从冰箱里取出食物，接着清洗料理，再到烹调蒸煮，最后将美味装盘，这些动作都是连贯进行的。将食物取出（冰箱），食物的洗涤料理（水槽和调理台面），食物的烹煮（炉具），这三个工作点形成厨房的三角动线，这个三角动线的三边之和应不超过 6.7 m，并以 4.5 ~ 6.7 m 为宜。大多数研究表明，洗涤槽和炉灶间的路程来回最频繁，因此，建议将此距离缩到最短。

这条走动路线的距离与顺畅，很大程度上反映了厨房使用的方便和舒适。三者之间的距离要保持动线短、不重复、作业性能好的合理间距。过远则工作动线长，费时费力，增加不必要的往返距离；过近又会互相干扰，造成工作的不便。除了厨房的中心工作动线之外，还要注意厨房的交通动线设计。交通动线应避开工作三角形，以免家人的进进出出干扰工作者的作业动线。

（四）厨房的空间布局

1.单排型布局

把所有的设备都布置在厨房一侧的布置形式称为单排型布局。这种布置方式便于操作，设备可按操作顺序布置，可以减小开间，一般净宽不小于 1.4 m。但是缺点是没有使家具得到合理的利用，最佳的应是三角形。这种形式在厨房设备数量较少、尺寸较小时使用。

2.双排型布局

这种布置方式主要采用工作区沿两对面墙进行布置，操作区可以作为进出的通道。提高了空间利用率，但不便于操作，占用的开间较宽，所以采用

这种形式布置的厨房净宽不小于 1.7 m。

3.L 形布局

这种布置方式将清洗、配膳与烹调三大工作中心依次配置于相互连接的 L 形墙壁空间。最好不要将 L 形的一面设计过长，以免降低工作效率。这种布局占用空间比较小，而且可以运用冰箱、灶台和水槽三角布局，运用比较普遍、经济。

4.U 形布局

这种布置方式共有两处转角，和 L 形的功用大致相同，空间要求较大。设计中应该尽量将工作三角（水槽、炉具和冰箱这三个点组成的三角形）设计成正三角，以减少操作者的劳动量，一般储存、清洗、烹调这三大功能区应设计成带拐角的三角区，三大功能区三边之和在 4.57 ~ 6.71 m 为宜，洗涤槽和炉灶间的往复最频繁，建议把这一距离调整到 1.22 ~ 1.83 m 较为合理。

5.岛式布局

这种布置方式是在中间布置清洗、配膳与烹调三中心，这需要有较大的空间。也可以结合其他布局方式在中间设置餐桌并兼有烤炉或烤箱的布局，将烹调和配膳中心设计在一个独立的台案之上，从四面都可以进行操作或进餐，是一种实用新颖的方案。

6.组合型布局

即当空间足够大时，也可以使用以上五种模式中任何一种进行重复组合，或者是两种进行搭配组合来更好地利用整个厨房空间，达到完美效果。

（五）厨房设计原则

（1）功能齐全，操作简便。家具摆放要合理，使用要方便。

（2）安全要有保障。厨房集中了水、电、煤气和火，煤气管道和阀门离灶台要有一定的距离，煤气管道和电线也要保持一定的距离，多用防水防火的材料。

（3）要选择易清洗的家具。如铝塑的吊顶，光滑易洗的厨具。

（4）厨房的空间要合理。厨房油烟多，所以布局和其他房间是不同的，还要有较好的通风性。

（5）厨房的其他设施要齐全。例如要有抽油烟

机，地面最好设计地漏。

（6）工作中心至少要包括配膳、清洗、烹调中心。如有条件，每个工作中心都要设有电源插座，地上和墙上都应设有橱柜。炉灶和冰箱间最低限度要隔有一个橱柜。（图 5-7c）

二、贮藏室

一个家庭无论是在日常生活的各使用功能方面，还是在美化家居环境的要求方面，都需要一定的贮藏空间。贮藏室的主要功能是贮藏日用品、衣物、棉被、箱子、杂物等物品。由于现在室内空间面积比较小，大多的客厅、餐厅和厨房等其他空间都设置了兼作贮藏的家具，人们一般不再单独设立贮藏室。

贮藏室的设计原则：

（1）以方便实用为原则。重视贮藏操作的可及性与灵活性、物品的可见度和空间的封闭性，将物品分类贮藏。

（2）保证室内干燥，避免物品发霉。可把门或墙体设计成条形窗格状，保持空气流通，节省空间。

（3）保持室内干净，用容易清洗的材料。

第三节 私人生活区域

私人生活区域是成人享受私密性权利的空间与禁地，是儿女成长发展的温床。设置私密性空间是家庭和谐的主要基础之一。理想的居室应该使家庭每一成员皆有各自私人空间，成为群体生活的互补空间，便于成员完善个性、自我解脱、均衡发展。私人生活区域包括主卧室、子女卧室、老人卧室、卫生间等。

一、卧室

人的一生有1/3的时间是在睡眠中度过的，因此供人们休息睡眠的卧室在居住空间中占有重要的位置。以往卧室的功能主要是睡眠，而今增加了娱乐、休闲、健身、工作等方面。完整的卧室环境分为：睡眠、更衣、梳妆、贮藏等。睡眠区主要由床、床头灯、

图5-7c 厨房

床头柜等组成。床的摆放讲究合理性和科学性，床头朝北较好。摆放方式有单人床、双人床、对床三种形式，可根据自己身心需要来选择。梳妆区由梳妆台、镜子、坐凳等组成。而一些化妆品外观精美，可以作为装饰品摆放在梳妆台上。总之要尽量考虑女士需求和身体特点，布置温馨、宁静。更衣区由衣柜、坐椅、更衣镜等组成，有时可与梳妆区有机结合，形成和谐的空间。贮藏区多是放置衣物、被褥的地方，一般安置嵌入式壁柜，加强贮藏功能。（图 5-8）

卧室的面积大小须与基本的家具布局要求相符合，一般面积为 15 ~ 20 ㎡。其次要对卧室的位置给予恰当的安排。由于卧室在日常生活中是私密性很强的生活区域，因此在整个居室的位置上应该将其安排在居室的最里面，以避免干扰。

从使用对象来分，卧室可分为：

（一）主卧室

主卧室不仅要满足双方情感与志趣上的要求，而且要顾及夫妻双方的个性需求。严密的私密性、安宁感、心理安全感是主卧室布置的基本要求。在功能上，既要满足休息睡眠要求，又要合乎梳妆、更衣等要求。

图5-8a 卧室

图5-8b 卧室

图5-8c 卧室

图5-8d 卧室

主卧室往往是夫妻的私生活空间和睡眠中心，其形式取决于双方婚姻观、性格类型和生活习惯。主卧形式有：

1.夫妻共栖式

即夫妻双方共享一个公共空间进行睡眠休息活动，根据生活习惯可分两类：

（1）双人床式（极度亲密的，易受干扰）；

（2）对床式（适度距离，易于联系）。

2.夫妻自由式

即用同一区域的两个独立空间来处理双方的相互干扰，两者无硬性分割。可分为两类：

（1）开放式——双方睡眠中心各自独立；

（2）闭合式——双方睡眠中心完全分隔独立，双方私生活不受干扰。

（二）子女卧室

子女卧室是家庭成长发展的私密空间，需依儿女的年龄、性格、特征予以相应的规划和设计。

按儿童成长的规律，子女房可分为婴儿期、幼儿期、儿童期、青少年期和青年期五个阶段。六个月以下婴儿与父母共居一室；稚龄儿女需有一个游戏场所，使之能以自由心情发挥自我。渐成熟的儿女宜给予适当私密空间，使工作、休闲皆能避免外界侵扰，情绪与精力皆能正常发挥。具体如下：

1.婴儿期寝室

初生到周岁，可单独设育婴室或在主人室设育婴区。该室（区）以卫生、安全为最高原则，并给予相应的活动空间和物品，配置婴儿床、器皿橱柜、安全椅、简单玩具。

2.幼儿期寝室

1～6岁之间，学龄前期。应注意：

（1）安全，便于照顾的适宜位置，靠近父母室，邻近厨房、家人室；

（2）充分的阳光，新鲜的空气，适宜的室温；

（3）综合性活动区域，幻想性、创造性的游戏活动。

3.儿童寝室（学龄期，小学期）

（1）将学习融入空间，学习为有意的行为。配备小书桌和充分光照，便于儿童学习和保护视力。

（2）重视游戏活动的配合，引导幼儿的兴趣，激励发展目标。

（3）可用活泼的暗示形式，启发创造能力。

（4）为男孩设工作台，为女孩设梳妆台。（图5-9）

4.青少年期寝室

12岁～18岁，中学期。青少年身心发展迅速，但未真正成熟。纯真活泼，富于理想，热情鲁莽兼有，且易冲动。应重视寝室的学习、休闲皆需重视，陶冶情操。

5.青年期寝室（法定成年人开始）

青年身心皆成熟。应注意显示学业、职业的特色和性格上的表现。

子女卧室以培养下一代的成长发展为最高目的。一方面为下一代安排舒适生活，使他们能在其中体会亲情、享受童年。另一方面，为下一代规划完善有益的成长环境，使他们能在其中增加智慧和学习技能。

（三）老年人卧室

老人房的设计，更多地要体现对老年人的关爱。老年人的视力和体力都有所衰退，在生活自理方面有诸多不便，首先地面的防滑就要处理好。

图5-9a 学龄及小学儿童寝室

图5-9b 学龄及小学儿童寝室

图5-9c 学龄及小学儿童寝室

老人的睡眠质量不是很好，因此需要特别营造一个安静、舒适的环境。

应保持流畅的空间以方便老人行走和拿取物品。家具的高度也要合适以免老人爬高爬低，方便他们取放物品。床应放在卧室里侧，与门保持一定距离。稍大的卧室可布置两张单人床，让老年夫妇分床休息和睡眠。门窗等隔音效果要好，减少外界干扰。老年人不再追求时尚，室内装饰和色彩就应偏重、古朴。

（四）卧室设计应该遵循的总体原则

（1）保证隐秘性。可选用隔音材料装修。门最好用木门。

（2）实用性和舒适性。床旁应有床头柜，上面放着台灯和随时都可以拿到的东西。需要足够大的衣橱和梳妆台。衣橱一般选用组合式，承担全家人衣服、床上用品等的收纳作用。梳妆台一般设于床一侧与床头柜相连，流线形、菱形、椭圆形的镜面均可使用。

（3）风格以简约为主。卧室主要用来睡觉，不需要豪华，只要很好实现其功能。墙上挂几幅画，地面铺上地毯即可。

（4）色调要和谐、温暖。室内颜色间接搭配，窗帘颜色应素淡一些，地板颜色不要太花。

二、卫生间

卫生间既是多样设备和多种功能聚合的家庭公共空间，又是私密性要求较高的空间。除了具有沐浴、排便等功能外，又兼有一定的家务活动功能，如洗衣等。此外，随着居室卫生空间的发展，桑拿浴、健身等活动也开始进入卫生间，使得空间的传统功能得到发展。其基本设备有洗脸盆、浴缸、淋浴喷头、抽水马桶等，一般空间面积较小，常为 $3 \sim 4 \, m^2$。（图5-10）

（一）双卫生间

理想居室应为每一寝室设置专用浴室。但一般情况下，双卫生间比较普遍。双卫生间指的是居室有两个卫生间，一间是主卫生间，一间是次卫生间。主卫生间一般在主卧室里，次卫生间一般在客厅的边上，供夫妇外的其他家人使用。主卫是私密性比较强的，设计应以满足主人各方面要求为目的，风格要与主人的爱好相符合。浴缸等可选用高档设备，可挂梳妆镜等。次卫如果只为客人使用，设计应简

图5-10a 卫生间

图5-10b 卫生间

单化，注重实用性；为了卫生起见，使用淋浴，不宜选用浴缸。如果既供家庭使用又供个人使用，可采用与主卫相同的装置，风格仍以简单明快和大众化为好。

（二）卫生间的布局形式

1. 独立型

卫生间中的浴室、厕所、洗脸间等是各自独立的。其优点是各室可以同时使用，特别是在使用高峰时期可以减少互相之间的干扰，而且各室的功能明确，使用起来非常方便、舒适。缺点是空间面积占用过多，建造成本相对高一些。

2. 兼用型

把浴盆、洗脸盆、便器等洁具集中在一个空间，称为兼用型。其优点是节省空间而且经济，管线的布置比较简单。缺点是同一时间只能一个人使用空间，影响其他人使用，不适合人口多的家庭。

3. 多功能型

整个卫生空间打破普通的矩形布局，采用自由活泼的构成形式。以曲面组成的浴室与专用庭院间用玻璃幕墙隔开，庭院墙壁上布置色彩鲜明的艺术画，浴室还可设置视听设备。

（三）卫生间的设计原则

（1）设备齐全、使用方便，质量要有保证。

（2）保证安全性。主要是用电的安全，开关插座位置要顺手，方便使用，插座不可以暴露在外，室内线路要做密封防水和绝缘处理。安装防水防滑的瓷砖。

（3）保证卫生间的私密性。用牢固并且有装饰效果的门和窗来保证私密性。

（4）重视清洁性。顶面、地面、墙面要干净整洁，装修材料要选择容易清洗的。

（5）通风性和采光性要好。应该采用自然和人工的通风方式，自然通风是选择有窗户的卫生间，在洗浴中让空气流通，保证顺畅呼吸。人工通风则是加装换气扇的人工排湿手段。灯光设计要明亮。

（6）装修风格要和整个居室风格一致。

6

居室照明与灯具

6 居室照明与灯具

光作为人与空间的主要媒介，具有物理、生理、心理、美学等综合作用，也是构成视觉美学的基本因素。在自然光不能满足居住活动需要和更好地营造空间艺术氛围的情况下，室内照明便成为居住空间设计的重要内容。居住空间设计应充分利用日光资源和人光资源，提供高质量的照明，满足人们的生活。（图6-1）

第一节 室内照明的概念

光源可以分为自然光和人工光两类。自然光主要是通过太阳光直接照射或太阳光经过反射、折射、漫射而得到的。人工光是通过人工的手段达到照明的作用。自然光具有明朗、健康、舒适、

图6-1a 居室照明与灯具

图6-1b 居室照明与灯具

图6-1c 居室照明与灯具

节能的特点，居室建筑在白天一般以自然采光为主。但自然采光会受房间方向、位置和时间的影响。在室内，特别是在一些室内窗口小或没窗户的房间以及在阴天的情况下，更是难于做到所有的空间都得到良好的自然光照。人工光由于具有光照稳定，不受房间方向、位置的影响等特点，可以人为地加以调节和选用，所以在应用上比自然光更为灵活。它不仅可以满足人们照明的需要，同时还可以表现和营造室内环境气氛。

人工照明即室内照明。它是夜间主要光源，同时又是白天室内光线不足时的重要补充。人工照明环境具有功能和装饰两方面的作用。从功能上讲，建筑物内部的天然采光会受到时间和场合的限制，所以需要通过人工照明补充，在室内造成一个人为的光亮环境，满足人们视觉和工作的需要；从装饰角度讲，除了满足照明功能之外，还要满足美观和艺术上的要求，这两方面是相辅相成的。根据建筑功能不同，两者的比重各不相同，如工厂、学校等工作场所需从功能来考虑，而休息、娱乐场所则强调艺术效果。人工照明最基本的一个应用是提供人们视觉所需的光线，同时还可以营造室内气氛。

第二节 室内照明的作用

照明是居室设计的重要组成部分，没有足够的光线我们就看不清室内的任何物体，不能正常地进行各种活动。照明的目的既是为了满足实用功能的要求，又是为了满足精神功能的需求，其主要作用是：

一、参与空间组织

首先可以形成不同的虚拟空间。不同的照明方式、灯具类型，能够使区域具有相对的独立性，成为若干个虚拟空间。其次可以改善空间。不同照明方式、不同灯具和不同的灯光色彩，可以使空间感在一定程度上有所改变。最后能起导向作用，即通过灯具的配置，把人们的注意力引向既定的目标或使人行进于既定的路线上。

二、提供视觉条件

室内光环境的好坏，或帮助或妨碍视觉器官的工作。首先，它可以通过照度的改变和眩光的控制来改变视觉系统的工作条件。其次它还能直接影响作业的效能。如过强的眩光可能分散人的注意力，甚至成为事故的隐患；而合理的照度及光色可以令人兴奋，进而使工作效率得以提高等。

三、渲染空间氛围

氛围与照明联系紧密。某些构件、陈设、植物等在特定灯光的照射下，能够出现富有魅力的阴影，丰富空间层次，增加物体的立体感。室内设计如果能够熟练驾驭灯光，利用"光、色、彩"的魅力，很容易创造出一定的氛围和意境。

四、体现环境特点

灯具都有具体的形状，不同国家、不同地域、不同时期的灯具差异很大，因此，灯具还可以体现室内环境的民族性、地域性和时代性。

第三节 居室照明的方式

照明设计是通过光源和灯具的使用来实现的。正确认识并运用照明灯具对我们进行合理的设计有很大的帮助。

一、按散光方式分类

依据照明的散光方式，可将照明方式归纳为以下几种类型：

（一）直接照明

全部灯光或90%以上的灯光直接照射被照的物体称为直接照明。一般裸露的日光灯、白炽灯都属于这类照明。其优点是亮度大、立体感强，故常用于公共大厅或局部照明。而缺点是易产生眩光和阴影，容易使人视觉疲劳，不适合视觉直接接触。在一般情况下，直接照明所选用的灯具必须是定向式照明灯具。

（二）间接照明

90% 以上灯光照射在墙上或顶棚上再反射到被照明物体上称为间接照明。其照明特点是光线柔和、不刺眼，没有强烈的阴影，故常用于安静平和的客房、卧室等。暗设灯槽、平衡照明、檐板照明都属于此类。

（三）一般漫射

灯光射到上下左右的光线大体相等时，其照明方式便属于一般漫射方式。这种光较差，但光质柔和，避免眩光，多用于没有特殊要求的空间，例如走廊、楼梯间、门厅、过道等。

（四）半间接照明

60% 以上灯光首先照射到墙和顶棚上，只有少量光线直接照射在被照物称为半间接照明。这类灯具亮度虽然小，但整个房间的亮度均匀，阴影不明显，这类灯具的缺点是光照度损失较大。它适合于卧室、会议室和娱乐场所。

（五）半直接照明

60% 的光线直接照射物体的表面或工作面，40% 的光线透过半透明的灯罩射到天棚和墙面上，这样减少了受光面与环境的差别，又能满足从事一定活动的光照要求。半直接照明的灯光不刺眼，层次分明，光环境明暗对比不是很强。

二、按布局方式分类

依灯具的布局方式，可将照明方式归纳为以下几种类型：

（一）整体照明

一种为照亮整个空间场所而设置的照明。其特点是使用悬挂有棚面上的固定灯具进行照明，形成一个良好的水平面，在工作面上形成的光线照度均匀一致，照度面广。适用于起居室、餐厅等空间的照明。

（二）局部照明

一种专门为某个局部设置的照明。特点是照明集中，局部空间照度高，对大空间不形成光扰，节

电节能。如客厅、书房的台灯，卧室的床头，卫浴间的镜前灯等。

（三）综合照明

整体照明与局部照明相结合就是综合照明。常见的综合照明，其实就是在一般照明的基础上，为需要提供更多光照的区域或景物增设强调它们的照明。

第四节 居室照明的设计要点

一、照明设计的基本原则

（一）舒适性

一是要有适宜的照度。从事不同活动的环境对照度的要求是不同的；不同的人即便从事同样的活动，对照度的要求也不同。二是要有合理的投光方向。从事不同的室内活动，不仅需要不同的照度，也要考虑投光的方向。三是要避免眩光的干扰。眩光是指在视野内亮度范围不适宜，在空间和时间上存在极端的光亮对比，致使眼睛不舒服或明显降低可见度的视觉现象。为限制眩光，应尽量选择功率较小的电源。四是要有合理的亮度。舒适的光环境应有合理的亮度分布，真正需要明暗结合。

（二）艺术性

完美的照明设计从本质上说，是技术与艺术的高度统一。照明设计需要借助光源、灯具、光色的交换。局部照明尽可能地配合好结构物、装饰物，从而使人感到温馨宜人的空间气氛。目前，当代艺术领域流行用灯光设计创作前卫性的艺术作品，而这样的作品，主要作观赏之用，提倡灯光变幻莫测的光照度及色差倾向性，以此满足居住者流行审美观念及心理需求。(图6-2)

（三）统一性

居室室内设计总是追求某种艺术风格，不同风格的室内环境要求有与之相适应的照明形式。照明的形式、风格与各方面的因素有关，其中，光色起着很重要的作用，它能够烘托不同的艺术气氛。灯

具的选择也很关键，适宜的灯具对室内整体风格能起到画龙点睛的作用。

（四）安全性

现代照明以电为能源，故线路、开关、灯具都要安全可靠。布线和电器设备要符合消防要求。

（五）节能性

照明主要是由电能转化而来的。因此节约照明用电也就是节约能源消耗。首先要选取合理的照度值，做到该高就高，该低就低。其次，要采用合适的照明方式，在照度要求较高的地方，用混合照明。再次要推广使用高光高效光源，采用高效率节能灯具。最后实施照明控制，即采用可调控的照明。

（六）经济性

灯具照明并不是越多越好，关键是要科学合理。华而不实的灯饰非但不能锦上添花，反而画蛇添足，造成电力浪费。必须从灯具照明时间的长短等因素来考虑节约和节能的问题，在不影响使用功能和审美效果的前提下，尽量做到经济实惠。

二、照明设计的主要内容

（一）确定照度值

居室照度值的选择可以参考表6-1推荐的照度值。为了简化计算，在标准高层居室内，白炽灯或荧光灯安装功率一般可按表6-2选取。

（二）灯具的位置

正确的布灯方式应根据人们的活动范围和家具的位置合理安排。比如，看书读报的灯具位置应该考虑与桌面保持适当的距离，具有合适的角度，并使光线不刺眼。直接照射绘画、雕塑的灯具，应使绘画色彩真实，便于欣赏，使雕塑明暗适度，立体感强。

（三）投光范围

所谓投光范围就是达到照度标准的范围，它取决于人们的活动范围和被照物的体积或面积。投光范围主要依靠灯罩的形状和大小以及灯具数量和悬

图6-2 美国著名模特詹娜的别墅墙上，由James Turrell设计的当代艺术灯饰作品

表6-1 一般居室照度推荐值

地点	光源功率/W	备　注
大居室	白炽灯60, 荧光灯30	面积约13~18m²
小居室	白炽灯40, 荧光灯20	面积约13m²以下
厨房	白炽灯25	
厕浴、走道	白炽灯15	走道长约6m
楼梯间	白炽灯40	
门厅、电梯厅	白炽灯25~60	
修理间、管理室	荧光灯40	

表6-2 高层居室照明安装功率

推荐照度/lx	房间或场所名称
5	厕所盥洗室、楼梯间、电视室
10	卧室、婴儿哺乳处
15	起居室、音乐欣赏处
20	厨房、浴室的一般照明
30	单身宿舍的一般照明
50	家庭用餐、社交活动、娱乐活动
75	床头阅读（短时间）及手工洗涤、穿衣镜（全身）、单身宿舍活动室
100	学生课外学习、业余学习、浏览报刊、业余从事电子组件组装
150	厨房备餐、烹调、多人用餐的客桌、洗衣、洗餐具、梳妆
200	长时间伏案抄写

挂高度进行调整。

（四）选择灯具

灯具的种类很多，合理地选择灯具，第一要使灯具适合室内空间的大小与形状，要符合房间的用途和特性。第二要体现民族风格和地区特点，反映人们的情趣和爱好。

第五节 灯具种类和选择

一、灯具的种类

（一）按固定方法分类

1.吸顶灯

吸顶灯是直接固定在顶棚上的灯具，连接体很小。这种灯的形式很多，包括带罩和不带罩的白炽灯，有罩和无罩的荧光灯。其占用空间高度小，故常用于高度较小的空间。（图6-3）

2.镶嵌灯

镶嵌灯是直接镶嵌在顶棚上的，其下表面与顶棚的下表面基本相平。其优点是干净利落，不占空

间高度，能有效地消除眩光，与吊顶结合能形成美观的装饰艺术效果，适用于较低的空间。

3.壁灯

壁灯是装在墙上或柱上的照明灯具，其作用是辅助照明或增加空间的层次，其特殊的安装位置是营造空间氛围的理想手段。常用于大厅、门厅、过厅和走廊的两侧，有时也专门设在梳妆镜的上方和床头的上方。

4.台灯

台灯是每个家庭放在书桌、茶几、床头柜上的灯具，属于局部照明。它的形式和材料多种多样，有时还与各种艺术品相结合，具有一定的装饰效果。

5.立灯

立灯又称落地灯，是一种属于局部照明的灯具，它常设置在沙发旁边或后面，有的也靠墙放置。多数立灯可以调节自身的高度和投光角度，主要用于客厅、书房，以作局部照明之用。（图6-4、图6-5）

6.地脚灯

地脚灯主要应用在客房、走廊、卧室等场所。主要作用是照明走道，便于行人行走。它的优点是避免刺眼的光线，特别是夜间起床时，不但可以减

图6-3 吸顶灯，丹麦设计师保罗·汉宁森设计的灯具

图6-4 立灯，学生常晓、王雪作品

少灯光对自己的影响，同时还可以避免灯光对他人的影响。(图6-6)

（二）按光源种类分类

可分为热辐射光源和气体放电光源两大类。气体放电光源一般比热辐射光源光效高、寿命长，能制成各种不同光色，在电气照明中应用日益广泛。热辐射光源结构简单、使用方便、显色性好，故在一般场所仍被普遍采用。(表6-3)

1.白炽灯

白炽灯是人们使用时间最久的一种照明灯具。它主要是通过钨丝加热而发光，其特点是体积小、亮度高、显色性好、安装方便、价格低。白炽灯适用的场所如下：有丰富的黄红光成分的白炽灯，显色性优越，照射到食物上可增加食欲，适于餐厅照明；有暖色调的白炽灯，能增加人的肌肤美，可用于梳妆照明、浴室照明；有低照度暖色光的白炽灯令人感觉舒适，环境也显得宁静、亲切、温馨，适

表6-3 居室内适用的光源种类

室内场所	照明要求	适用光源
卧室	低照度，需要创造宁静、甜蜜、温馨的气氛	白炽灯进行全面照明
	长时间阅读、书写时要求高照度	台灯可用紧凑型荧光灯
客厅	明亮，高照度，点灯连续时间长	紧凑型荧光灯等
	需要表现豪华装修	白炽灯的花灯、台灯、壁灯，重点照明用低压卤钨灯
餐厅	以暖色调为主，显色性好，增加食物色泽，增进食欲	白炽灯
书房	书写及阅读要求高照度，以局部照明为主	紧凑型荧光灯
卫生间	光线柔和，开关频繁	白炽灯
门厅与走道	照度要求较低，开关频繁	白炽灯
厨房	高照度、高显色性	白炽灯
梳妆台	显色性好，富于表现人的肌肤和面貌，照度要求较高	白炽灯为主

图6-5 立灯，陈诚作品《海底之谜》

图6-6 地脚灯

于卧室照明；体积小且易于控光的白炽灯，适于各类装饰照明；便于调光的白炽灯，可改变环境照度和气氛，能实现多功能照明，适于照明频繁开、关的场所，如厨房、厕所、浴室、走廊、门厅、楼梯间、储藏室等处。

白炽灯的缺点是发热大、发光效率较低、使用寿命较短。能耗总量中只有15%左右可产生可见光，剩余能量以红外线的形式辐射出来。为了控制白炽灯的发光方向和变化，通常增加玻璃罩、漫射罩以及反射板、透镜和滤光镜等。（图6-7）

下面简单介绍白炽灯的两种形式：

（1）普通白炽灯。灯泡中有钨丝并充有惰性气体。

（2）卤钨灯。在白炽灯灯泡中充入含有卤族元素的惰性气体，利用卤钨循环原理来提高灯的效率和使用寿命。但其耐震性较差，应注意防震。

2.荧光灯

荧光灯是一种预热式低压汞蒸汽放电灯，其特点是管内充有惰性气体，管壁刷有荧光粉，管两端装有电极钨丝。通电后，低压汞蒸汽激发荧光粉放电，产生光源。

荧光灯能够产生均匀的散射光，发光效率为白炽灯的1000倍。由于发光率高、光线柔和、眩目小，荧光灯可以得到扩散光，不易产生物体阴影，可做成各种各样的光色和显色灯具。特别适用于高照度的全面照明以及不频繁启闭的场所。（图6-8）

下面简单介绍此荧光灯的两种形式：

（1）普通荧光灯。优点是发光效率比白炽灯高得多，在使用寿命方面也优于白炽灯；缺点是荧光灯的显色性较差（光谱是断续的），特别是它的频闪效应，容易使人眼产生错觉。另外，荧光灯需要启辉器和镇流器，使用比较复杂。

（2）紧凑型荧光灯。发光原理与普通日光灯相同，启辉器和镇流器功能是由内置于灯中的电子线路提供的，灯的体积大大减小。其特点是节电率高，寿命长，适用于作局部照明的书写台灯。

3.LED灯

灯光的应用随时代科技的进步和发展变化最快，

当前，LED灯具在市面上最为流行，流行的原因有以下几点：第一，高效节能，工作的电压低，可采用直流的驱动方式，是目前功耗最优的一种照明工具；第二，光照寿命长久，发热功能较弱，玻璃材料的灯泡最不容易破碎及损坏；第三，由于光照的发光系统不含紫外线和红外线，不产生辐射，对人体的

图6-7 白炽灯

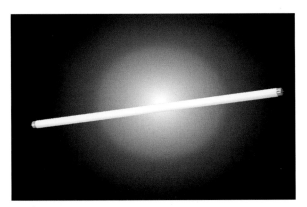

图6-8 荧光灯

图6-9 LED灯

影响最小;第四,生产的灯泡不含汞及氙等有害元素,不会产生辐射;第五,LED灯能够比较灵活地生产与应用,携带方便,可以随意加工塑造艺术的造型方式,能体现当代艺术的一种审美观念。(图6-9)

其他的还有放电灯、霓虹灯等。

二、居室灯具的选择

灯具除了满足照明的基本要求外,在室内也起着重要的装饰作用,因此在选择灯具时应符合室内空间的用途和格调,要同室内空间和形状相协调。如果房间的总体设计偏向于古朴典雅,则可尽量选用具有我国民族传统特色的各类灯具;如果房间的总体设计偏向于活泼明快,具有现代风格,则可以尽量选择在造型上线条明快简洁,并具有几何图案的各类灯具;对于豪华、富丽的古典装饰风格,可选择造型复杂、材料贵重的灯具。

此外灯具的选择还需要把整体照明、局部照明、综合照明考虑在内。如门厅、客厅可整体采用白炽灯作为光源,局部采用各种吊灯和落地灯组合照明。各式各样的水晶体挂在灯泡周围,灯光经过透明体的多次反射,光线变得柔和且无眩光,再配以大面积的暖色点光源照明,会显得热烈而华丽。卧室的照明设计,采用混合照明方式,整体照明采用暖色调光源配置乳白色灯罩的间接照明,局部照明选用和家具基调及室内环境相协调的灯具。可选用台灯、落地灯、床头灯、壁灯,不仅可以增加室内光线的层次感,而且使房间显得更加温文尔雅,使人感到最大的轻松感。在具有艺术性的同时,也应注重实用性。切不可为追求所谓的艺术效果,而忽略了实用功能;也不可只为追求灯具的高档豪华的外观,而忽视其光学性能和照明质量。

灯具的大小应当和居室面积以及家具规格的大小相适应。如果大房间中陈列的灯具太小或是小房间陈列的灯具太大,都会破坏整体布局的和谐。

第六节 居室各主要区间的布灯方式

由于居室内各个房间的功能、分区不同,应选用不同的灯具布置方案和照明方式,利用不同光源、色温的组合,以及局部及混光照明来达到理想的照明效果。

一、门厅

门厅是居室的出入通道,通过门厅能进入各个不同功能的房间,起着过渡空间的作用。要求光线比较柔美,亮度不宜过高。门厅照明设计应大方、庄重,常用筒灯和壁灯照明。为了减少空间的压抑感和提升空间的层次,也会采取透明或半透明的吸顶灯和壁灯并用的照明方式,不宜使用太豪华的灯具。灯具布置一般可在顶部居中位置,照明光源常采用白炽灯,并设置定时开关或多联开关。门厅部位的壁画和特殊造型,一般采用射灯以局部照明的方式来突出其艺术效果。

二、客厅

客厅是接待客人和家庭内部娱乐交流的地方,灯的装饰性和照明要求应有利于创造热烈的气氛,使客人有宾至如归之感。客厅的照明有两方面的要求,一是照明度要大,二是灯具的选择要与客厅的装饰风格相协调。各种照明灯具应该均匀合理,避免过度集中。客厅的照明设计整体可采用日光灯,局部(如桌子、茶几等部位)用壁灯或落地灯的组合照明方式。一般可在顶部居中设置吊灯,墙上挂有横幅字画时,可在字画的两边安装两盏大小合适的壁灯,沙发旁边可置放一盏落地灯,四周边缘可设置数量不等的射灯,四周墙壁在适当位置设置花式壁灯,数量依据房间的大小可以在1~2之间选择,或者在墙角或适当位置设一活动式地灯,另还可以设1~2套荧光灯,既可采用壁灯方式,也可嵌入吊顶。

三、餐厅

餐厅的照明要求色调柔和、宁静,有足够的亮度,不但使家人能够清楚地看到食物,而且能与周围的环境、家具等相匹配,构成一种视觉上的整体美感。餐厅的照明应将人们的注意力集中到餐桌上,宜采用白炽灯作为光源,选择向下直接照射的暖色悬挂式吊灯。一般说来,空间大,人多时,照度宜高些,以增加热烈的气氛;空间小,人少时,照度宜低些,以形成优雅、亲切的环境。另外,灯具的选用也有一定的原则,灯具的大小一定要适合室内空间的体积和形状。如果在小空间中使用大吊灯,会使人感到拥挤和闭塞。

四、书房

书房是人们学习阅读的地方。因此书房既要有较高的照度值,又要有宁静的环境。书房内的灯具不能有任何刺激眼睛的眩光。光线来自人的左前方,照亮书桌是最好方式。书房灯饰的选择要明亮适中,光线过亮或过暗都不好,灯光的色度要柔和、不闪烁,以减轻视觉负担,外观漂亮、功能强大的落地灯是较好的选择。而供阅读之用的灯具则可以考虑安装顶灯或壁灯,显得朴实、清宁。书桌上应该配置合适瓦数的台灯,做局部照明。

五、厨房

厨房照明设计主要以实用为主,为了便于操作要求选择照度和显色性较高的光源,一般可用便于清洁灯罩的节能灯。厨房中的光源搭配无需太多层次,一般可分为两层,一层满足对整个厨房的照明,可以安装一盏吸顶灯或白炽灯;另外一层满足对洗涤区和操作台(两者常连在一起)的照明,在对应区域上方合适的高度处安装一盏壁灯即可。此外,厨房烟雾水汽较多,灯具应选用容易清扫、除垢的,有玻璃罩防尘型灯具。灯具应采用吸顶式,不宜选用塑料制品或吊灯。

六、卧室

卧室作为人们休息、睡眠的场所,具有一定的隐秘性,所以在照明设计上,光线柔和、可调控、无噪音等成为要考虑的基本因素。宁静舒适型是当代卧室照明的主潮流。可在天花板上安装有二次反射的吸顶灯,以防止眩光的发生,同时使卧室充满恬静和温馨。对于睡前有阅读习惯的人,床头居中处可设一壁灯或嵌筒灯,使室内更具有浪漫舒适的温情。两处床头柜设台灯,写字台处设台灯来配合局部照明。这些灯的光源搭配应合理,所营造的气氛也应以安宁温馨为主。

卧室照明一般不宜采用荧光灯或紧凑型荧光灯,因为卧室灯经常开关,对灯管寿命影响较大。吊顶面积较大的卧室可设其他方式的辅助照明。为满足照明要求,可采用两种方式,一种是室内安装多种灯具,分开控制,根据需要确定开灯范围,一种是安装有电脑开关和调光器的灯具。

七、卫生间

卫生间的面积相比其他居室要小,灯光照明与其他居室相比似乎也相对简单,但是如果设计不当,不但会影响居室的整体感觉,也会给日常生活带来很大不便,所以对卫生间的照明也应该给予足够的重视。卫生间一般设置洗脸洁具台、梳妆镜、淋浴、澡盆及便池等,室内用浅色瓷砖装修,室内照明光线要柔和,不宜直接照射,应设置一盏乳白罩防潮吸顶灯,以免水蒸汽凝聚。同时为营造良好的环境,还应用一些局部的照明方式,如镜前设镜前灯,浴缸上可以设一色温比较低的灯具,可以是壁灯,也可以是顶灯,但这些灯必须采取安全措施,应避免漏电现象发生。

灯具布置不仅直接影响到室内环境气氛,而且对人们的生理和心理产生影响。选择灯具不仅要注意外观与周围环境的搭配,还要注意色彩与整体的融合,充分体现空间的实用价值。只有空间布置更灵活与统一才会营造和谐的气氛。

7

居住空间设计色彩运用

7   居住空间设计色彩运用

著名建筑设计大师柯布西耶说："颜色可以给人带来新天地，通过建筑物色彩的使用，可以激发人生理上最热烈的响应。"不同的色彩给人带来视觉上的冲击，进而给人带来特殊的心理状态和情绪，使人产生各种各样的情感和视觉感受。

居室设计中，色彩占有重要地位。空间形式、家具和陈设布置再好，而无好的色彩表达，最终还是失败之作。如果空间形式、家具和陈设布置有些欠缺，却可以通过色彩处理得到弥补。在某种程度上可以说"得色彩者，得天下"。因此设计师必须重视室内色彩设计。

第一节 色彩的基本知识

一、色彩的定义

色彩是自然界的客观存在，是一种物理现象，是光线作用于物后产生的不同吸收、反射的结果，也可以说色彩是光作用于人眼引出形象之外的视觉特征。物体的色彩在光的照射下呈现出的本质颜色叫固有色；物体的色彩在光的照射下，同时受到周围环境的影响反射而成的颜色叫环境色。

二、色彩的三要素

色相、明度和饱和度构成了色彩的三要素。

色相是指色彩的相貌，即是区别色彩种类的名称。不同的波长有不同的色彩感受，红、橙、黄、绿、蓝、紫，每个字代表一个具体的色。

明度是指色彩的明暗程度，明度越高，色彩越亮，反之亦然。它是所有色彩都具有的属性，最适合表现物体的立体感和空间感。白色的颜料是反射率较高的颜色，在其他颜料中加入白色，可提高明度，加入黑色的颜料则相反。

饱和度指色彩的纯净程度，也可以说是色相感觉明确及鲜灰的程度。

色彩的这三个要素彼此互不联系。两个不同的色彩至少有一个要素不相等，只有三个要素全部相等的色彩才是完全相同的。正是这三个要素的变化造成了色彩无穷的变化，我们只要改变其中一个要素都能使色彩的面貌、性质和象征意义完全改变。

三、色彩的调配和组合

色彩分无彩色和有彩色两大类。黑、白、灰、金、银为无彩色。除此之外的色彩都为有彩色。其中，红、黄、蓝是最基本的颜色，被称为三原色。三原色是其他色彩调配不出来的，其他色彩则可以由三原色按一定比例调配出来，如红+黄=橙，红+蓝=紫，蓝+黄=绿。

色彩的调配和组合可以使室内色彩更加美观、丰富。和谐就是秩序，一个整体的配色方案，可以使不同的色彩组合产生不同的视觉效果，营造出不同的环境气氛：

米黄色+白色：轻柔、温馨；

青灰+灰白+褐色：古朴、典雅；

黑+灰+白：简约、平和；

红色+黄色+褐色+黑色：中国民族色，古典、雅致；

粉红色+白色+橙色：青春动感、活泼、欢快；

蓝色+白色：地中海风情，清新、明快；

蓝色+紫色+红色：梦幻组合，浪漫、迷情；

蓝色+绿色+木本色：自然之色，清新、悠闲；

黄色+茶色：怀旧情调，朴素、柔和；

……

第二节 色彩的作用

色彩通过视觉器官为人们感知后，可以产生多种作用和效果，研究和运用这些作用和效果，有助于居室色彩设计的科学化。

一、色彩的物理效应

色彩引起的视觉效果还反映在物理性质方面，如冷暖、远近、轻重、大小等，这不但是物体本身对光的吸收和反射形成的结果，而且还存在着物体间的相互作用关系所形成的错觉。因此可以运用色彩的物理效应调整室内空间的感受。其物理效应主要有以下几个方面：

（一）温度感

在色彩学中，把不同色相的色彩分为暖色、冷色、温色和中性色，从红紫、红、橙、黄到黄绿色称为暖色，以橙为最暖色。暖色使人感觉温暖、温柔，温度偏高。从青紫、青至青绿色称冷色，以青色为最冷色。冷调的色彩则相反，使人感觉凉爽，温度较低。紫色是由属于暖色的红色与属于冷色的青色合成的，绿色是由属于暖色的黄色与属于冷色的青色合成的，所以紫色、绿色称之为温色。黑、白、灰和金、银色，既不是暖色，也不是冷色，称为中性色。

色彩的温度感与明度有关，含白的明色具有凉爽感，含黑的暗色则具有温暖感。影响色彩的温度感的因素还涉及物体表面的光滑程度。一般来说，表面光滑时色彩显得冷，表面粗糙时色彩就显暖。

色彩的冷暖，据人们测试，感觉可差3℃~ 4℃。因此，在室内装饰中，若能正确运用色温视觉感的变化，可弥补居室朝向不佳的缺陷。（表7-1）

表7-1 色彩的冷暖变化

色类	暖→冷			
红色系	朱红	大红	深红	玫瑰红
黄色系	深黄	中黄	淡黄	柠檬黄
绿色系	草绿 淡绿	深绿	粉绿	翠绿
蓝色系	群青	钴蓝	湖蓝	普蓝

（二）距离感

色彩可以使人有进退、凹凸、远近的不同感觉。暖色系和明度较高的色彩一般具有前进、凸出、接近的效果；而冷色系和明度较低的色彩具有后退、凹进、远离的效果。因此根据人们对色彩距离的视觉感，又把色彩分为前进色和后退色，亦称近感色和远感色。所谓前进色，就是能使物体与人的距离看上去缩短的颜色；所谓后退色，就是能使物体与人的距离看上去增加的颜色。实验表明，主要色彩由前进到后退的排列次序是红>黄>橙>紫>绿>青，可以把红、黄、橙等颜色列为前进色，把青、绿、紫等颜色列为后退色。实验还表明，当人们看到1 m远的红或者青的物体，其距离前进或后退之感可差50 ~ 60 mm的范围。我们可利用色彩的这些特点来改变空间的大小和高低，效果相当显著。

（三）重量感

色彩的重量感主要取决于明度和纯度，明度和纯度高的显得轻，明度和纯度低的显得重，从这个意义上讲，有人把色彩分为轻色和重色。正确运用色彩的重量感，可以使色彩关系平衡和稳定。比如室内空间六个面一般从上到下的色序，如果设计为由浅到重，就可以给人以稳定感。

（四）尺度感

色彩对物体大小的作用，包括色相和明度两个因素。暖色和明色具有扩散作用，因此物体显得大。而冷色和暗色则具有内聚作用，因此物体显得小。不同的明度和冷暖有时也通过对比作用显示出来，室内不同家具、物体的大小和整个室内空间的色彩处理有密切的关系，可以利用色彩来改变物体的尺度、体积和空间感，使室内各部分之间关系更为协调。比如采用深色地面及深色书架作背景，可加强空间的内聚作用，空间就不觉空旷，视觉会相对集中。

二、色彩的心理效应

色彩的心理效应是人对色彩所产生的感情。人们对不同的色彩表现出不同的好恶，这种心理反应，常常是因人们生活经验、利害关系以及由色彩引起的联想造成的，此外也和人的年龄、性格、素养、民族、习惯分不开。例如看到红色，有人联想到太阳，万物生命之源，从而感到崇敬、伟大，还有人联想到血，感到不安、野蛮等。看到黄绿色，联想到植物发芽生长，感觉到春天的来临，于是用它代表青春、活力、希望、发展、和平等。看到黑色，联想到黑夜、丧事中的黑纱，从而感到神秘、悲哀、不祥、绝望等。看到黄色，联想到阳光普照大地，感到明朗、活跃、兴奋。

（一）红色

红色是所有色彩中视觉感觉最强烈和最有生气的色彩，它有强烈地促使人们注意和似乎凌驾于一切色彩之上的力量。它炽烈似火，壮丽似日，热情奔放如血，是生命崇高的象征。人眼晶体对红色波长要调整焦距，它的自然焦点在视网膜之后，因此产生了红色目的物较前进、靠近的感觉。

红色的这些特点主要表现在高纯度时，当其明度增大转为粉红色时，就戏剧性地变成温柔、顺从的性质。

（二）橙色

橙色比红色要柔和，但亮橙色富有刺激和兴奋性，浅橙色使人愉悦。橙色常象征活力、精神饱满和交谊性，它实际上没有消极的文化或感情上的联想。

（三）黄色

黄色在色相环上是明度级最高的色彩，它光芒四射，轻盈明快，所以照明光多为黄色，日光及大量的人造光源都倾向于黄色。黄色具有温暖、愉悦、提神的效果，常为积极向上、进步、文明、光明的象征，但当浑浊时（如渗入少量蓝、绿色）就会显得病态甚至令人作呕。

我国古代帝王以黄色象征皇权的崇高与富贵，黄色被大量地用在建筑、服饰、器物上，成为皇室的主要代表色，使得黄色在我国人民心中有一种威严感和神秘感。

（四）绿色

绿色是大自然中植物生长、生机盎然、清新宁

静的生命力量和自然力量的象征。在心理上，绿色令人平静、松弛而得到休息。人的眼睛最适于绿色光的刺激，由于眼睛对绿色的刺激反应最平静，因此它是最能使眼睛得到休息的色彩。

（五）蓝色

在外貌上蓝色是透明的和潮湿的。在心理上蓝色给人感觉是冷的。在性格上，蓝色是清高的。对人机体作用在于，蓝色减低血压。蓝色象征安静、清新、舒适和沉思。

（六）紫色

紫色是红青色的混合，是一种沉着的红色，它精致而富丽，高贵而迷人。

偏红的紫色，华贵艳丽；偏蓝的紫色，沉着高雅，常象征尊严、孤傲或悲哀。紫罗兰色是紫色中较浅的阴面色，是一种纯光谱色相，紫色是混合色，两者在色相上有很大的不同。

色彩的心理效应，如冷热、远近、轻重、大小等；感情刺激，如兴奋、消沉、开朗、抑郁、动乱、镇静等；象征意象，如庄严、轻快、刚、柔、富丽、简朴等，被人们像魔法一样地用来创造心理空间，表现内心情绪，反映思想感情。任何色相、色彩性质常有两面性或多义性，我们要善于利用它积极的一面。

第三节 居室色彩的基本要求

居住空间设计与色彩是紧密联系的，只有符合色彩的功能要求原则，才能充分发挥色彩在构图中的作用。

一、空间的使用目的

不同的使用目的，如卧室、厨房、起居室，显然在考虑色彩的要求、性格的体现、气氛的形成上各不相同。

二、空间的大小、形式

色彩可以按不同空间大小、形式来进一步强调或削弱。

三、空间的方位

不同方位在自然光线作用下的色彩是不同的，冷暖感也有差别，因此，可利用色彩来进行调整。

四、使用空间的人的类别

男女老幼对色彩的要求有很大的区别，色彩应适合居住者的爱好。

五、使用者在空间内的活动及使用时间的长短

学习的书房，休息的卧室，不同的活动与工作内容要求不同的视线条件，以提高效率、保证安全和营造舒适的空间。长时间使用的房间的色彩对视觉的作用，应比短时间使用的房间强得多。色彩的色相、彩度对比的考虑也存在着差别，对长时间活动的空间，主要应考虑不产生视觉疲劳。

六、该空间所处的周围情况

色彩和环境有密切联系，尤其在室内，色彩的反射可以影响其他颜色。同时，不同的环境，通过室外的自然景物也能反射到室内来，色彩还应与周围环境取得协调。

七、使用者对于色彩的偏爱

一般来说，在符合原则的前提下，应该合理地满足不同使用者的爱好和个性，才能符合使用者的心理要求。

第四节 居室色彩构图

一、色彩的分类

由于室内物件的品种、材料、质地、形式和彼此在空间内层次的多样性和复杂性，色彩在室内设计中的作用尤为重要。第一，色彩可以对物体空间进行强调，或使其重要性降低；第二，色彩可使目标物变大或变小；第三，色彩可以强化室内空间形式，也可

以破坏其形式。居住空间的色彩配置，从结构的角度可分为三大类：主体色、背景色、点景色。

（一）主体色

指的是可移动的点立体、线立体、面立体等的用色，在室内用色上占有统治地位，如家具、陈设等。主体选色时，要视居室现状等具体条件而定。

1.家具色彩

不同品种、规格、形式、材料的各式家具，如橱柜、梳妆台、床、桌椅、沙发等，是室内陈设的主体，是表现室内风格个性的重要因素，它们和背景色彩有密切关系，常成为控制室内总体风格的主体色彩。

一般来讲，浅色调的家具富有朝气，深色调的家具显得庄重，灰色调的家具柔和、典雅，多种颜色恰当组合则生动活泼。而在现实生活中，以浅灰色调最为常用。当然家具的色彩还要求与墙面协调，使整个房间统一和谐。

2.陈设色彩

灯具、电视机、电冰箱、热水瓶、烟灰缸、日用器皿、工艺品、绘画雕塑等陈设，体积虽小，却常可起到画龙点睛的作用，不可忽视。在居室色彩中，常作为重点色彩或点缀色彩。

（二）背景色

指居室内大面积部分用色，对其他室内物件起衬托作用。在居室设计中，墙面、天花板多用高明度、低纯度的色彩，因为墙和天花板担当着室内反射部分光线的任务。居住面积的有限也需要用色彩来调节空间感受。地面对家具一样起衬托作用，同时又呼应和加强墙面色彩，设计时一般选用低纯度且含灰色成分较高的色彩，可增加空间的稳定感。（图7-1）

（三）点景色

指小型、易于变化的物体色。点景色的载体——织物、绿化等具有可移动性，应利用其色彩可变化这一特点来调节室内色彩，使室内环境色彩不断更新，以适应不同季节和不同的使用要求，丰富室内环境格调。

另外，在许多设计中，如墙面、地面，也不一定只用一种色彩，可能会交叉使用多种色彩，图形色和背景色也会相互转化，必须予以重视。

1. 织物色彩

包括窗帘、帷幔、床罩、台布、地毯、沙发、坐椅等蒙面织物，其材料、质感、色彩、图案五光十色、千姿百态，和人的关系更为密切，在室内色彩中起着举足轻重的作用，若不注意可能成为干扰因素。物可用于背景，也可用于重点装饰。

织物色彩要讲究和谐、对比和统一，在统一中求对比，对比中求统一。此外还要处理好室内色彩的主从关系，因为室内装饰范围广泛，织物的用途不同，对色彩的要求不一样，应当从性能要求、面积大小、光源情况、空间距离等方面考虑配色问题。

2. 绿化色彩

盆景、花篮、吊篮、插花等不同花卉、植物有不同的姿态色彩、情调和含义，和其他色彩容易协调，对丰富空间环境、创造空间意境、加强生活气息、软化空间肌体有着特殊的作用。

以什么为背景、主体和重点，是色彩设计首先应考虑的问题。同时，应注意不同色彩物体之间的相互关系形成多层次的背景关系，如沙发以墙面为背景，沙发上的靠垫又以沙发为背景，这样，对靠垫说来，墙面是大背景，沙发是小背景或称第二背景。

图7-1a 背景墙

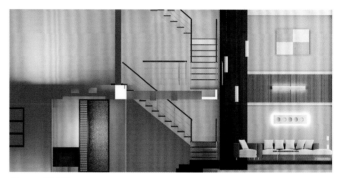

图7-1b 背景墙

图7-1c 背景墙

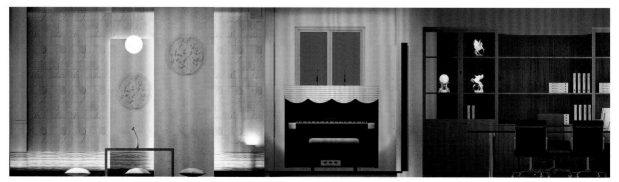

图7-1d 背景墙

二、色彩的协调

每个家庭都想创造美丽和谐的色彩装饰，这就要处理好色彩之间的协调和对比，使其构成和谐统一的色彩关系。孤立的颜色无所谓美或不美。任何颜色都没有高低贵贱之分。只有不恰当的配色，而没有不可用之颜色。色彩效果取决于不同颜色之间的相互关系，同一颜色在不同的背景条件下，色彩效果可以迥然不同，这是色彩所特有的敏感性和依存性，因此如何处理好色彩之间的协调关系是配色的关键问题。根据色彩协调规律，居住空间色调可分以下几种：

（一）单色调

以一个色相作为整个居室色彩的主调，称为单色调。运用单色调可以取得安静、安详的效果，使得室内具有良好的空间感，还能为室内陈设提供良好的背景。在单色调运用中应特别注意通过明度及彩度的变化加强对比，并用不同的质地、图案及家具形状，来丰富整个室内空间。单色调中也可适当加入黑白无彩色作为必要的调剂。

（二）相似色调

相似色调是最容易运用的一种色彩方案，也是目前最大众化和深受人们喜爱的一种色调，这种方案只需用两三种在色环上互相接近的颜色，如黄、橙、橙红或蓝、蓝紫、紫等，所以十分和谐。相似色同样也很宁静、清新，这些颜色也因为在明度和彩度上的变化而显得丰富。一般说来，需要结合无彩体系，才能加强其明度和彩度的表现力。

（三）互补色调

互补色调或称为对比色调，是运用色环上的相对位置的色彩，如青与橙、红与绿、黄与紫；其中一个为原色，另一个为二次色。对比色使室内生动而鲜亮，能够很快获得人的注意和引起人的兴趣。但采用对比色必须慎重，其中一色应始终占支配地位，使另一色保持原有的吸引力。过强的对比有使人震动的效果，可以用明度的变化而加以"软化"。同时强烈的色彩也可以减低其彩度，使其变灰而获得平静的效果。采用对比色意味着这房间中具有互补的冷暖两种颜色，会使房间显得更小。

（四）分离互补色调

采用对比色中一色的相邻两色，可以组成三个颜色的对比色调，获得有趣的组合。互补色（对比色）的双方都有强烈表现自己的倾向，用得不当，可能会削弱其表现力；而采用分离互补，如红与黄绿和蓝绿，就能加强红色的表现力。如选择橙色，其分离互补色为蓝绿和蓝紫，就能加强橙色的表现力。三色的明度和彩度的变化，也可获得理想的效果。

（五）双重互补色调

双重互补色调指同时运用两组对比色，采用四个颜色，对小的房间来说可能会造成混乱，但也可以通过一定的技巧进行组合尝试，使其达到多样化的效果。对大面积的房间来说，可以增加其色彩变化。使用时也应注意两种对比中应有主次，对小房间来说更应把其中之一作为重点处理。

（六）三色对比色调

在色环上形成三角形的三个颜色组成三色对比色调，如常用的黄、蓝、红三原色，这种强烈的色调组合适于文娱室等。如果将黄色软化成金色，红的加深成紫红色，蓝的加深成靛蓝色，其组合的结果如在优雅的房间中布置贵重色调的东方地毯。如果将此三色软化成柔和的玉米色、玫瑰色和亮蓝色，其组合的结果常像我们经常看到的印花和方格花，轻快、娇嫩，宜用于小女孩卧室或小食部。其他的三色也基于对比色调，如绿、紫、橙，有时显得非常耀眼，并不能吸引人，但当用不同的明度和彩度变化后，可以组成十分迷人的色调。

（七）无彩色调

由黑、灰、白色组成的无彩系，是一种十分高级和高度吸引人的色调。采用黑、灰、白无彩系色调有利于突出周围环境的表现力。在室内设计中，粉白色、米色、灰白色以及每种高明度色相均可认为是无彩色，完全由无彩色建立的色彩系统非常平静。但由于黑与白的强烈对比，用量要适度，例如大于 2/3 为白色面积，小于 1/3 为黑色，在一些图样中可以用一些灰。

不得不说的是，色彩协调是由白光光谱的颜色按其波长从紫到红排列的，这些纯色彼此协调。在纯色中增加等量的黑或白所区分出的颜色也是协调的，但不等量时就不协调。例如米色和绿色、红色与棕色不协调，海绿和黄接近纯色是协调的。在色环上处于相对地位并形成一对补色的那些色相是协调的，将色环三等分，形成一种特别和谐的组合。色彩的相似协调和对比协调在室内色彩设计中都是需要的，相似协调固然能给人以统一和谐的平静感觉，但对比协调在色彩之间的对立、冲突所构成的和谐关系更能动人心魄，关键在于正确处理和运用色彩的统一与变化规律。

第五节 居室色彩设计原则和运用

一、居室色彩设计原则

（一）充分考虑功能要求

室内色彩主要满足功能和精神要求，目的在于使人们感到舒适。在功能要求方面，首先应认真分析每一个空间的使用性质，如餐饮空间、娱乐空间等，由于使用对象和使用功能的明显差异，空间色彩的设计也就完全不同。

室内空间对人们的生活而言，往往是一个长久性的概念，它的色彩在某些方面直接影响人的生活。室内空间可以利用色彩的明暗度来创造气氛。使用高明度色彩可获得光彩夺目的室内空间气氛；使用低明度的色彩和较暗的灯光来装饰，则给人一种"隐私性"和温馨之感。通常使用纯度较低的各种灰色可以获得一种安静、柔和、舒适的空间气氛。而纯度较高的鲜艳色彩则可获得一种欢快、活泼与愉快的空间气氛。

（二）力求符合空间的需要

室内色彩配置必须符合空间构图原则，充分发挥室内色彩对空间的美化作用，正确处理协调和对比、统一与变化、主体与背景的关系。

在室内色彩设计时，首先要定好空间色彩的主色调。主色调在室内气氛中起主导、润色、陪衬、烘托作用。室内色彩主色调的形成因素很多，主要的有室内色彩的明度、色度、纯度和对比度。其次要处理好统一与变化的关系，有统一而无变化，达不到美的效果，因此，要求在统一的基础上求变化，这样容易取得良好的效果。大面积的色块不采用过分鲜艳的色彩，小面积的色块要适当提高色彩的明度和纯度。此外，室内色彩设计要体现稳定感、韵律感和节奏感。为了达到室内色彩的稳定感，常采用上轻下重的色彩关系，室内色彩的起伏变化应形成空间韵律和节奏感，注重色彩的规律性，切忌杂乱无章。

（三）利用室内色彩，改善空间效果

充分利用色彩的物理性和色彩对人心理的影响，可在一定程度上改变空间尺度、比例，能分隔、渗透空间以改善空间的效果。如：居住空间过渡时，可用近感色，提高亲切感；墙面过大时，宜采用收缩色；柱子过小宜用浅色；柱子过粗时，宜用深色，减弱笨粗之感。

（四）注意使用空间的人群类别及个人偏爱

符合多数人的审美要求是室内设计的基本规律，但对于不同民族来说，由于生活习惯、文化传统和历史沿革不同，其审美要求也不相同。另外，老人、小孩、青年，对色彩的要求也有很大的区别，色彩应适合居住者的爱好。一般来说，在符合原则的前提下，应该合理地满足不同使用者的爱好和个性，才能符合使用者的心理要求。

二、居室主要区间色彩运用

室内色彩力求和谐统一，通常使用两种以上颜色进行组合搭配，显示色彩的和谐美。室内色彩的选择要根据主人的年龄、兴趣和爱好等诸多因素来决定。室内空间的功能不同，色彩配置也不一样。

（一）门厅

门厅是内外部的交接点，也是迎送客人的通道。它的风格应该是温暖、优雅、和蔼可亲的，色彩上宜尽量配合木质颜色，使房间显得敞亮。与此同时，在门厅处用装饰品点缀，使此处显得不那么死板。

（二）客厅

客厅是家庭活动的中心，除用于休息外，也是接待宾客和娱乐的场所。它是居室中最光彩、引人注目、最能体现主格调的空间环境。客厅的色彩要以反映热情好客的暖色调为基调，并可有较大的色彩跳跃和强烈的对比，突出各个重点装饰部位。色彩浓重可以显出高贵典雅的气派。如选用深红、黑等重颜色。墙面宜根据家具的色彩和风格，一般以选用红、紫、黄等颜色为主，调配时，不同的色彩纯度上可以有所区别。顶部的色彩则选用金黄色的装饰灯，构造出富丽堂皇的色彩效果。在一些装饰画或墙角也可以用灯光烘托华丽的气氛，使房间的整体感更强。

（三）餐厅

餐厅色彩会影响到就餐人的心情，一是食物的色彩能影响就餐人的食欲，二是餐厅环境色彩会影响人就餐的情绪。餐厅的色彩应以轻快、明亮为主，一般多采用暖色，如橘黄、乳黄最能增加食欲，其次为柠檬黄。餐桌上的布用黄色或红色时，会刺激人的食欲；若要节食减肥，可用蓝色或绿色；而灰色、紫色、青色则会令人反胃。黄色或橙色具有刺激胃口、增强食欲的作用，且能给人以温暖、和谐的感受。比如墙面选用黄色，配上黄色桌椅、白色台布以及艳丽的插花，可以使人悠然自得地进餐。

（四）书房

书房是学习、思考的空间，应避免强烈的刺激。为创造出明亮、宁静的气氛，书房用棕色、金色、浅紫色都令人舒服，再搭配些绿色，在合适的照明下，能使人觉得轻松愉快，催人勤奋学习。书房的色彩绝不能过重，对比反差也不应强烈，光线一定要充足，色彩的明度要高于其他房间。局部的色彩

建议选择成熟稳重的色彩。有传统色彩和风格的饰物很适合在书房使用。

（五）厨房

厨房是制作食品的场所，是一个家庭中卫生最难打扫的地方。对厨房家具色彩的要求，是能够表现出干净、刺激食欲和使人愉悦的特征。厨房一般采用明亮、清爽的色调，在视觉上可以扩大空间，给人以轻松愉快的感觉。选用暖色，能突出温馨、祥和的气氛。选用白色或乳白色会给人清洁卫生感，而且也容易与其他色彩协调。地面采用深红、深橙色装饰。要避免绿色、黄色占大面积位置。墙面的色彩明度则以中明度为宜，过高或过低都会与厨房用具产生太强对比，容易令视觉紧张而不舒服。

（六）卧室

卧室是人们睡眠休息的地方，一般卧室的色彩最好偏暖、柔和，以利于休息。如果家具色重，墙面颜色要淡；若家具色淡，墙面适宜用与家具色彩类似的对比色加以衬托。卧室不宜用鲜艳、刺激性强的大红、橘黄、艳紫等，应选择浅蓝、淡绿等安静色调，有利于休息和睡眠。黄绿色会使人感到舒适，有助于安定神经，对性情急躁、感情易于冲动的人，有抑制作用。

对于色彩，不同年龄要求差异较大。儿童卧室，色彩以鲜明、明快为主，多选用纯色和高纯度或中度的色彩，且多运用对比效果。诸如淡黄、淡橙、粉红、天蓝等组合成欢快、活泼的天地。此外儿童卧室还可选用多彩色组合，以促进儿童智力的发展。男孩卧室一般可使用男孩喜欢的黄、绿、蓝色组合，这种组合具有幻想力，洋溢着欢乐和活泼的气氛，较多的绿色更富有生气。女孩子一般喜欢粉红色或近于粉红色。

男青少年卧室宜以淡蓝色的冷色调为主，女青少年的卧室最好以淡粉色等暖色调为主。新婚夫妇的卧室大都采用激情、热烈的暖色调。中老年的卧室宜以白、淡灰等色调为主。体弱多病者的卧室选用黄色能促进心情愉快，乐于活动，有助于加快体内新陈代谢和增强抵抗疾病能力。

（七）卫生间

卫生间是松弛身心、驱除疲劳的场所，所以装饰它的色调应以素雅、整洁为宜，色彩以乳白色最佳，给人明亮清洁感，适当搭配些浅绿色或肉色，会使人心情轻松，但要防止深绿色出现。现在也有较为时尚的色彩设计以深色为主调，地面、墙面选用黑色，用金色、银色做小面积的装饰色彩。两种效果各有特点，第一种简明、轻松，一般家庭选择得较多，第二种具有个性强、促进思考的特性。

总之，房间狭小，要用白色或浅淡冷色调装饰，会使人感觉明亮、宽阔。而房间宽大，则以暖色为主，显得房间稳重、充实。家具是家庭里的主要陈设品，其颜色应该顺应房间的色调。地面的颜色应略深于墙壁的颜色，否则会感到头重脚轻。在室内浅色调为主的情况下，若用些鲜艳的红色或黄色点缀，就能发挥"画龙点睛"的作用，不会感到单调乏味。

居室色彩的搭配应采用"大调和、小对比"的办法，使整体色彩和谐统一，以统一求协调，使家庭室内色调主次分明，相互衬托，达到妙趣横生而又舒适、温馨的境界。

8

居住空间装饰材料运用

8　居住空间装饰材料运用

材料是居室设计中最为重要的一个因素，是空间环境的物质承担者。居室设计特性的体现很大程度上受到装饰材料的制约，尤其是受到装饰材料的光泽、质地、质感、图案、花纹等装饰特性的影响。各种变幻莫测、主体感极强的新型材料能够创造出同一种空间的不同的心理感受。因此，装饰材料是居室设计方案得以实现的物质基础，只有充分了解或掌握装饰材料的性能，按照使用环境条件合理选择所需材料，充分发挥每一种材料的长处，做到材尽其能、物尽其用，才能满足环境艺术设计的各项要求。

第一节 装饰材料质感概述

一、装饰材料定义

所谓的装饰材料从广义上讲指能够成为室内环境的各种要素、部件和各种材料。这些材料适用于建筑室内空间或室内构件基层与面层，主要起到保护建筑物体，装饰室内空间的作用。进一步说，是指铺设、粘贴或涂刷在建筑物内墙、地面、柱面、顶棚表面的装饰材料还兼有保温、隔热、防火、防潮等功能作用和美化建筑室内环境的艺术效果。

二、装饰材料质感

（一）质感定义

装饰材料的质感，就是对材料表面质地的真实感觉，是材料表面致密程度、光滑程度、线条变化，以及对光线的吸收、反射强弱不一等产生的观感（心理）上的不同效果，从而在人的心理上产生反应，引起联想。不同材料的物体表面具有不同效果的质感。如光滑、细腻的材料，富有优美、雅致和感情基调；毛面材料有粗犷、豪迈的感觉。当然，相同的材料也可以有不同的质感，例如普通玻璃与压花玻璃、镜面花岗岩板材与剁斧石。质感可分为天然质感和人工质感。不同物质其表面的自然特点称天然质感，如空气、水、岩石、竹木等；人工质感是指通过一定的加工手段和处理方法而获得的质感，如砖、陶瓷、玻璃、布匹、塑胶等。

（二）质感的衡量

质感从使用功能与装饰艺术要求上讲，大致可以从以下几个方面来衡量。

1. 柔软与坚硬

各类纺织品会有一种柔软、舒适的感觉，以此为材料构成室内空间会给人亲切和安静的感觉。而金属等材料，给人一种坚硬、锐利感，以此为材料可以使室内环境达到稳定和安定的效果。质感偏硬的材料虽有很好的光洁度，但人们常常还是喜欢光滑柔软的材料。

2. 光泽和透明度

许多经过加工的材料具有良好的光泽，如抛光的金属、玻璃和磨光的花岗岩等。光滑表面的反射，可以使室内空间感扩大，同时映出不同的色彩，让室内充满富丽堂皇的气氛。

透明度指人们通过视觉判断材料质感的通透，看到被材料遮挡住的物体。透明的程度分为完全透明、半透明、不透明等级别。最典型代表材料是玻璃，以绝佳的透明创造内外通透、明亮宽敞的美感。反之是石头，给人坚硬的心理联想。

3. 光滑和粗糙

光滑指的是光线照射在材料的表面，产生不同的光感效果，表面质感光滑，反光强，还有耀眼的高光。比如：不锈钢、玻璃是光感较强的代表材料。表面粗糙的材料如毛石、文化石、粗砖、原木、磨砂玻璃、织物等，一般被用于局部的装饰，常与整体大面积的光滑材料形成强烈的视觉对比，起到画龙点睛的作用。

4.轻与重

轻重感往往与材料本身的色彩深浅、表面的光滑平整与粗糙、光透视感的强弱等因素有关。材料表面明度高的使人感到轻,反之则重;表面平整光滑,光泽感强的使人感到轻,而那些表面凹凸粗糙,光透感弱的则令人沉重。

5.冷与暖

质感的冷与暖表现在触觉或心理上,坚硬光滑的材料感觉较冰凉,柔软粗糙的材料如织物、毛石等具有温暖感。但在视觉上由于色彩的不同,其冷暖也不一样,如红色花岗岩触觉冷,但视觉上是暖色。因此选用材料时应从两方面考虑。

(三)质感运用

质感的具体体现是室内环境各界面上相同或不同的材料组合,所以在室内环境设计中,各界面装饰在选材时,既要组合好各种材料的肌理质地,又要协调好各种材料质感的对比关系。

第一,材料质感的组合。如采用同一木材装饰面板装饰墙面或家具,可以采用对缝、拼角、压线手法,通过肌理的横直纹理设置、纹理的走向、肌理的微差、凹凸变化来实现组合构成关系。

第二,相似质感材料的组合。如同属木质质感的梨木、柏木,因生长地域、年轮周期的不同,而形成纹理的差异。这些相似肌理的材料组合,在环境效果上起到中介和过渡作用。

第三,对比质感的组合。几种质感差异较大的材料组合,会获得不同空间效果。典型的例子如以木材和乱石墙装饰墙面,会产生粗犷的自然效果;而将木质材料与人工材料组合应用,则会在强烈的对比中充满现代气息。如木地板与混凝土墙面,或与金属、玻璃隔断的组合,就属这类。

第四,装饰材料的不同质感对室内空间环境会产生不同的影响。材质的扩大缩小感、冷暖感、进退感,会给空间带来宽松、空旷、亲切、舒适、祥和的感受。

第二节 居室装饰材料的分类

居室装饰材料可按照材料的生产流通、销售分类;也可以按材料本身的物理特性进行分类,如光学材料、声学材料、热工材料;还可以分为自然材料和人工材料等。从通常的最实用和最被看重的角度——质感上划分可分为软质材料(地毯、壁纸等)和硬质材料(石材、金属、木材等)。

一、软质材料

软质材料包括棉、麻、毛、丝、锦、膜等,如我们接触比较频繁的地毯、挂毯等,它们不仅具有悦目美观的功能,且具有隔热、防潮等功能。其独特的材质、肌理与花色,对室内环境的装饰具有软化作用,使人置身其中有亲切温暖的感觉。

二、硬质材料

硬质材料包括玻璃、金属、木材、陶瓷等。

(一)玻璃

玻璃材料很早就被作为装饰艺术设计的材料来应用。玻璃材料不仅是功能材料,而且被融入大量的自然与人文色彩,在各种形式的装饰中被大量运用,于是经过艺术加工的装饰玻璃走进了高楼大厦和千家万户。作为一种现代装饰材料,它除了具有其他环境艺术材料共有的色彩、肌理光泽外,还具有其他材料所不具有的特质。如利用玻璃的反射、折射和漫反射的物理特性,可扩大室内的空间尺度。

(二)金属

金属装饰材料具有独特的光泽、色彩与质感。金属作为装饰材料以其高贵华丽、经久耐用而优于其他各类装饰材料。作为装饰材料的金属,常用的有铝、不锈钢、钢、铜等,它们一是用于建筑结构和装饰中承重抗压的结构材,二是用于装修表面美化的装饰材。

（三）木材

木材因具有材质轻、强度高和韧性好，耐抗压冲击，对电、热、音有绝缘性等其他材料难以替代的优越性，在室内设计中被大量采用。虽然不同树种的木材有不同的质地和纹理，但总的来说，给人以温馨亲切和自然朴实的感觉。(图8-1)

（四）陶瓷

陶瓷是陶和瓷的总称。陶的烧成温度要低于瓷，且有微孔，具有吸水性，陶有粗细、黑白之分，运用在当今快节奏和信息现代化的都市环境中，更能迎合人们的心理需求。如利用陶土的天然色泽，结合抽象自然形态烧制成大型壁面装饰，起到对室内空间环境的装饰作用。瓷的烧成温度要高于陶，且坯土的质地比陶要细腻，基本不吸水，烧成后质地坚硬细密，并可施以釉彩，烧成多种颜色的表面效果，运用在室内环境中可起到美化环境的作用。(图8-2)

装饰材料在室内设计中的功用具有两面性，即正面积极的和反面消极的作用。人工合成材料含有对人体有害的挥发性气体如苯、酚、氧类，各种石材具有的放射性等容易造成室内污染，危害身体健康。

第三节 材质

装饰材料质地的选用，是室内设计中直接关系到实用效果和经济效益的重要环节。巧于用材是室内设计中的一大学问，饰面材料的选用，同时要满足使用功能的需求和人们身心感受的需求。

材质是材料本身的结构与组织，是材料的自然属性。材质包含材料的肌理、质地、色彩和形态等几个方面，是长期以来人的视觉感受和触觉感受经大脑综合处理产生的，一种对材料特性表面特征和物理属性的综合印象。不同的材质可以营造不同的居室氛围，或温馨浪漫、或时尚前卫……由各种材质的材料所组成的室内空间，能营造出一个富于变化的视觉环境，有效避免审美疲劳，并给人们带来不同的视觉美感享受。

下面我们对材料肌理、材料质地和材料色彩三个方面作一个简单介绍。

一、材料肌理

肌理是指材料本身的肌体形态和表面纹理。肌理是室内环境美构成的重要元素。肌理的构成形态

图8-1 木材

图8-2 陶瓷

有颗粒状、块状、线状、网状等。肌理从形成原因上来分，可以分成材料的"自然肌理"和人工制作过程中产生的"工艺肌理"。前者是产生于材料内部的天然构造，其表现特征各具特色。木材类的针叶树材如松、柏、杉等，表面较粗犷，纹理通直、平顺；阔叶树材表面细密，纹理自然美观、变化丰富；竹材表面光洁，纹理细密而通顺。后者是在成品基材的表面上加工处理而形成，如经过喷涂、蚀刻或磨砂的金属板（铝、铜、铝合金和不锈钢板）和喷砂玻璃表面形成细密而均匀的点状"二次肌理"，以及在大理石、花岗石上经剁斧、凿锤后在表面形成粗糙的颗粒状或条纹状肌理。另外，运用现代生产技术而直接成型的各种凹凸肌理的材料，如陶瓷面砖、玻璃砖，各种织物、地毯、壁纸等，成为现代室内设计材料重要的美感因素。当代一些优秀的室内设计师灵活掌握和运用材料的"自然肌理"与"工艺肌理"，把两者并置于同一个空间中，往往能形成出乎意料的全新的视觉效果。因而，在室内环境设计中，组织、创造新的肌理，逐渐被设计师所关注和追求。

此外，由于材料表面的排列、组织构造不同，人们常常通过触摸而获得触觉质感和通过观看而获得视觉质感，以此为依据可以把肌理分为视觉肌理和触觉肌理。视觉肌理是材料表面的色泽和花纹不同所造成的肌理效果。触觉肌理是材料表面光糙、软硬等起伏状态不同造成的肌理效果。在许多情况下，人们通过视觉而不是触觉来体会材料所带来的不同感官刺激，所以视觉肌理相对于触觉肌理而言，地位和作用更加重要。（图8-3、图8-4）

二、材料质地

材料的质地有自然质地（如石材质地、木材质地、竹材质地）和人工质地（如金属质地、陶瓷和玻璃质地、塑料质地、织物质地等）。自然质地是由物体的成分、化学特性等构成的自然物面。而人工质地是人有目的地对物体的自然表面进行技术性和艺术性的加工处理后所形成的物面。

不同材料的质地给人以不同的视觉、触觉和心理感受。石材质地坚固、凝重；木质、竹质质地给人以亲切、柔和、温暖的感觉；金属质地不仅坚硬牢固、张力强大、冷漠，而且美观新颖、高贵，具有强烈的时代感；纺织纤维品如毛麻、丝绒、锦缎与皮革质地给人以柔软、舒适、豪华典雅之感；玻璃质地有一种洁净、明亮和通透之感。

不同材料的材质决定了材料的独特性和相互间的差异性。在材料的表现中，人们利用材料质地的独特性和差异性创造富有个性的居住空间环境。

材料的质地美感与材料本身色彩的色相、明度和受光影响程度以及加工处理有着密切的关系。明度亮、纯度低的颜色给人以细润、轻松、舒畅的感

图8-3 材料肌理"布料"

图8-4 材料肌理"啡网纹大理石"

图8-5 墙纸

觉,而明度暗、纯度高的颜色给人以坚实、厚重的感觉。玻璃、水晶等材料光洁剔透、洁净神秘,而金、银、铁、铜质材料厚实稳定、富贵高雅。材料在受到光的照射时,其表面质感也会受到影响,当透明玻璃、有机玻璃被光直接透过时,其质地细腻、柔和;抛光金属面及抛光塑料面受光后产生空间反射(光在反射时又具有某种明显的规律,入射角等于反射角或入射角和反射角呈某种空间关系),使材料的质地光洁平滑、不透明、明暗的对比强烈、高光反射明显;喷砂玻璃面、刨切木质面、混凝土面和一般织物面受光后产生漫反射,反射光呈360°扩散,材料质地柔和而使人感觉到纯朴、大方和素雅。锯切或经过剁斧、锤凿的石材质地粗犷、豪放,而通过研磨、抛光的大理石、花岗石表面质地则光亮如镜。

在室内空间界面和空间内物体的表现中,设计师恰当地选择和利用材料,使材料的材质美感得到充分的体现,从而创造既舒适、和谐,又具有独特个性的室内空间环境。(图8-5)

三、材料色彩

色彩往往会先于形给人鲜明而直观的印象,在表达情感方面有着显著的优势。在建筑空间中,物质材料给人的审美感觉与色彩有千丝万缕的联系。如暖色系(红色、橙色、黄红色)属于积极色,给人明朗、热烈、欢快的感觉;而冷色系(蓝色、蓝绿、蓝紫)则具有柔和的情绪,属消极色,给人带来安静平和的感觉;中性色有较为中庸的性格,不会让人产生强烈的冷暖刺激。在明度方面,高明度的明亮色彩给人以坦率而活泼的感受,低明度的暗淡色彩则有深沉稳重的性格。材料表面的色彩有天然的也有人造的,也可以是灯光赋予的。色彩的变换是改变空间整体感最简便、快捷、经济的方法,但单纯色彩的设计却过于纯粹和单一,材质表面的质地、肌理可以弥补这种单调与呆板,使空间更具生机感。

材料的色彩一般可分为两类:一类是材料本身所具有的自然色彩,在施工中不需进行再加工,常见的有纺织面料、天然面砖、玻璃、金属材料及其制品等。这些材料的自然色是装饰设计中的重要元素,设计师应充分发挥其色彩特点,根据具体环境进行最佳的选择和应用。另一类是根据装饰环境的需要,在施工过程中进行人为的造色处理,经过调节或改变材料的本色,使材料达到与装饰环境色彩相和谐的特殊效果。这类材料常见的有梨木、柚木等板材,可以根据不同环境的需要在造色时任意改变色彩的色相、明度和饱和度。

设计师根据冷暖色彩给人心理带来收缩或扩张的情感特征,在较小的空间里经常采用浅淡色调的材质创造一种明朗、宁静、轻松的氛围,迎合人们向往开阔透气空间的心理需要;对面积较大的空间则经常使用具有一定收缩作用的中性灰度的色调或深色调来处理墙面,用来减缓空间过大给人带来的心理上的空旷感。

色彩的搭配不同于公式,设计师选择不同色彩的材质前必须对色彩本身所具有的基本特性有一个深入的了解,然后根据每个人不同的生活方式和审美要求来进行设计,创造一个温馨舒适、材质颜色与空间搭配得当、富有情趣和精神品位的空间效果。

第四节 材料选用的原则和运用

一、材料选用的原则

装饰材料在居室装修中的作用是举足轻重的。由于材料不同,在室内装饰过程中,要想使其实用性、经济性、环境气氛和审美标准都获得很好的体现,设计与施工人员就应熟悉材料质地、性能特点,了解材料的价格和施工工艺要求,创造出不同的精神氛围和风格各异的愉悦身心的家庭居室环境。

(一)与室内空间功能相适应的原则

不同的空间功能,需要不同的装饰材料来烘托室内的环境氛围。例如:起居室是家庭成员活动的中心,气氛愉悦、欢乐;卧室是休息和睡眠的房间,需要安静且私密性较强;厨房、卫生间则需明亮和清洁。这与所选材料的色彩、质地、光泽、纹理等密切相关。

（二）与居室局部特性相一致的原则

不同空间的不同部位对装饰的要求不同，如木材、织物的相对柔和，石材、瓷砖及金属材料的相对坚硬，设计时应运用得当。例如室内的踢脚部位，由于要考虑清洁工具的选用，家具或其他物品与之碰撞时的牢固程度和易于清洁等因素，因此通常需要选用有一定硬度、容易清洁的材料。粉刷涂料、壁纸或织物软包等墙面装饰材料一般不能直接落地。

（三）时尚、环保、方便的原则

现代家居装饰是不断向前发展的，室内空间环境不是一成不变的，而是需要不断更新，讲究时尚，因此应采用一些无污染、质地和性能更好、更为新颖的装饰材料来取代以往的材料。这需要设计师更好地了解现代装饰材料的品质和特征，并且在设计中要充分考虑便于安装、施工和更新的因素。

（四）节俭实用的原则

成功的室内装饰并不一定要借助贵重的装饰材料。精心设计，巧妙安排，充分利用一般的装饰材料，可有化腐朽为神奇的效果。一味地追求材料的高档，会使品种过多过杂，监理和施工都相应地复杂，更会使造价昂贵，同时还可能由于格调的降低而丧失其艺术魅力。

在室内装饰中，一般只以一种材料为主，配以其他不同质地的材料形成对比互衬的关系，这样就不会产生杂乱无章的感觉，也符合对立、统一的美学原则。总之，各种新的建筑形式和艺术风格的不断涌现，为室内装饰材料的选择和应用提供了非常广阔的天地，需要我们用更多时间去认识和掌握，创造出美好的居住空间环境。

二、居室内各主要区间的材料运用

（一）门厅

门厅地面材料选用坚韧、防滑的石材或地砖，可经受磨损与撞击，墙面装饰应与客厅保持一致。天棚可做一个小型的吊顶。为保持门厅与客厅的区别，可做一隔断，可选用木搁栅、磨砂玻璃、彩色玻璃等。

（二）客厅

现代风格的客厅只突出必要的沙发、茶几和组合电器装饰柜等装置，不再用观赏性强的壁炉和繁琐的布艺窗等过分装饰。地面采用纯天然木质地板、高级地面砖、花岗石、大理石或全羊毛毯加以点缀，既耐磨又显气派。

天棚可用壁纸、矿棉板、高档木纹夹板及其饰面材料。墙面采用色彩和图案丰富的壁纸，简洁明快的内墙涂料，墙面与天花板往往处理成白色，避免视觉压抑，也可选用织物贴面，自然温馨的木皮条纹，现代感强的装饰贴面等。

（三）餐厅

地面一般应选择表面光洁、易清洁的材料，如大理石、花岗岩、地砖，不要使用黏性油腻的地毯。墙面可用壁纸、木条板、镜面砖等。齐腰位置要考虑多用些耐碰撞、耐磨损的材料，如选择一些木饰墙砖或者做局部装饰的护墙处理。顶棚宜以素雅、洁净材料做装饰，如乳胶漆、局部木饰，并用灯具做烘托，有时可以降低顶棚高度，给人亲切感。

整个就餐空间，应营造一种清新、优雅的氛围，以便增添就餐者的食欲。若餐室空间太小时，则餐桌可以靠着有镜子的墙面摆放，或在墙角运用一些墙面装饰，以及与餐具柜相结合，可给人宽敞感。

（四）书房

书房要讲究安静，应选用隔音效果好的装饰材料，地面可采用地毯、木地板，如使用频繁，可采用质地坚硬的地砖。墙壁可采用PVC吸音板，板材或软包装饰布等。天棚采用吸音石膏板吊顶，阻隔室外噪音。

（五）厨房

厨房装修的主要对象是地面、墙面、天花、备料台和操作台的台面与台身。因此，厨房地面必须具有耐磨、耐热、耐撞击、耐洗等特点，并注意防滑，防滑瓷砖或地面彩釉砖是常用的材料。墙壁可以使用花色繁多的瓷砖、纯色防火塑胶壁纸，或者是经过处理的纯色防火板。部分应选择性质稳定的瓷砖或质地紧密的砖块材料。

天花板是最容易沾上油烟的地方，应选用光滑易清洗的材料，不宜使用质感粗糙、凹凸不平的材料。此外，天花板还应尽量选择防火防潮和不易变形的材料。

备料台和操作台的台面与台身的装修材料，首先是要考虑其安全性，再根据个人的烹调习惯考虑保养的方便性而进行选材。灶台后面的主墙应考虑防火功能，可选择使用防火壁板。防火壁板具有耐高温、不易沾污垢、可清洗、不褪色、不变形，而且完全不会燃烧等特点，同时能隔音吸音、隔热防潮，保养十分方便。

橱柜则可以选择木材材质、塑料材质或者不锈钢材质，根据整体效果而适当选用材质即可。

（六）卧室

卧室是最具私密性的地方，是彻底放松、充分休息的地方。卧室选材要求突出个性、舒适感和隔音效果。复合木板配地毯式最好，这样能使视觉、手感、触感都保持温柔舒适。当然地板胶、塑料地面、地砖等以其特有性能也可运用。墙面常用偏暖的壁纸、织物贴面，典雅、温馨，木纹夹板表现高贵。顶棚应用简洁、明快的饰面材料，如装饰石膏板，壁纸、涂料等。

（七）卫生间

地面材料要做好防水处理，最好选用具有防滑性能的瓷砖，如用天然和人造大理石，还要有防滑措施，如铺设防滑垫。地面最重要是防潮，最简单的方法是用防水涂料，可谓物美价廉。墙面贴瓷砖是最普遍的做法。瓷砖美观，防水防潮。顶棚多以塑料扣板和铝制长条板或防污塑料布为佳。

9

家具与室内陈设

9 家具与室内陈设

随着人类文明的进步和生产力的发展，人们的生活也越来越离不开家具与室内陈设了。它们不仅为我们的生活带来便利，同时还为居住空间带来视觉上的美感和触觉上的舒适感。

设计师要充分考虑如何更合理地利用家具与室内陈设对居住空间进行装饰，在最大限度上满足人们的功能需求和精神需求，努力营造出完美的生活环境。

第一节 家具概述

一、家具的概念

家具是人类日常生活和社会活动中使用的，具有坐卧、凭倚、贮藏、间隔等功能的器具。一般由若干个零部件按一定的接合方式装配而成。它是空间环境的一个重要组成部分，是构造空间环境的使用功能与视觉美感的最为关键的因素之一。首先人类衣、食、住、行等社会生活都需借助家具来演绎并展开，它是人类生活的重要器具。其次家具也是居室环境的重要陈设，是体现室内艺术氛围的主要角色，对空间环境效果起着重要的影响。最后，家具始终是人类与建筑的中介物，建筑的功能通常要借助家具才能实现。

家具也是居室设计所表达的思想、文化的载体，并从属和服务于居室设计的主题。反过来，家具又是居室设计这个整体中的一员，家具设计不能脱离居室设计的要求，它是实现室内环境和功能的有机组成部分。(图 9-1)

图9-1a 家具"欧洲古典家具" 王新福 摄

图9-1b 家具"欧洲古典家具"

二、家具的作用

（一）供人使用

这是家具的首要任务，也是家具的主要功能。家具除了要满足人体生理特点外，还要满足人体心理特点。人们在使用家具的过程中，除了获得直接的功效外，还会得到一种心理上的满足。这种心理上的满足，实际上是对家具艺术的一个认知过程，即美学上的审美要求。每个人都有审美和爱美的心理要求，在对家具的审美认知过程中，形式的美感、色彩的刺激和宜人的功效都会给人们带来视觉亮点。

（二）组织并划分室内空间

在室内空间中，通常以墙体和各种材质的隔断来分隔空间，但这种分隔方式不仅缺少灵活性且利用率低。用家具来组织并划分空间，能减少墙体的面，减轻自重，提高空间利用率，还可在一定的条件下，通过家具布置的灵活变化达到适应不同的功能要求的目的。比如厨房与餐厅之间，可利用吧台、酒柜来分隔。

（三）创造空间气氛

气氛即内部空间环境给人的总体印象，如欢快热烈的喜庆气氛、亲切随和的轻松气氛、深沉凝重的庄严气氛、高雅清新的文化艺术气氛等。各种不同的空间环境要创造不同的氛围效果，这些不同的氛围效果往往依靠家具的造型来完成。

（四）体现居室环境风格

家具是一种文化内涵的产品，实际上体现了一个时代、一个民族的生活习俗，它的演变实际上也表现了社会文化及人的心理行为和认知。每一个民族文化的发展及演变，都对居室设计及家具风格产生了极大的影响。

既然家具的形态风格具有强烈的时代性、地域性和民族性，因此居室设计始终要求家具的风格要与居室装饰的风格相协调。从家具自身的角度而言，它的风格不仅展现了自己，同时又展现其空间的整体风格。

（五）陶冶情操

格调高雅、造型优美，具有一定文化内涵的家具使人怡情悦目，能陶冶人的情操，这时家具已超越其本身的美学界限而赋予室内空间以精神价值。如在书房中摆设古色古香的书桌书柜等。良好的家具能营造出一种文化氛围，使人生活、学习、工作都有愉悦的心情。

此外家具的选择与布置还能体现一个人的职业特征、性格爱好及修养、品位，是人们表现自我的手段之一。

三、家具的分类

（一）室内家具按使用功能分类

坐卧类家具：其功能是为人休息所用并直接与人体接触，起到支撑人体的作用，包括椅子、凳子、沙发、床等。

存贮类家具：其功能是贮存物品、分隔空间，并起到承托物体的作用，包括壁橱、书架、搁板等。

凭倚类家具：其功能是为人工作休息所用，并起到承托物体的作用，如书桌、柜台、作业台以及几案等。

（二）按照结构特征分类

框架家具：以框架为家具受力体系，在框架中间镶板或在框架的外面附面板，其特点是经久耐用。

板式家具：以人造板构成版式部件，用连接方式将板式部件接合装配的家具。其特点是平整简洁，造型新颖美观，运用很广。

拆装家具：用各种连接体或插接结构组装而成的可以反复拆装的家具。其特点是摈弃了传统做法，很少使用钉子和黏结剂，为生产、运输、装配、携带等都提供极大方便。

折叠家具：能够折叠使用并能够叠放的家具，其特点是用时打开，不用时收拢，体积小，占地少，移动、堆积、运输极为方便。

支架家具：一般由两部分组成，一部分是金属或木支架，一部分是橱柜或搁板。此类家具可以悬挂在墙、柱上，也可以支撑在地面上，其特点是轻

图9-2 现代家具设计 和晓辉作品

图9-3 现代家具设计 李程作品

巧活泼、制作简便，不占或少占地面面积。

充气家具：其主体是一个高强度的塑料薄膜制成的胶囊，在囊内注入水或空气而形成家具。与传统家具相比，简化了工艺过程，减轻了重量，并给人以全新的印象。

浇注家具：采用硬质和发泡塑料，用模具浇注成型的塑料家具，整体性强，是一种特殊的空间结构。其特点是质轻、光洁、色彩丰富、成型自由、加工方便。

（三）按照制作家具的材料分类

木质家具：主要是由实木与各种木质复合材料所构成。其特点是质感柔和，造型丰富，是家庭中常用的家具。

塑料家具：整体和部分主要是由塑料加工而成的家具。其特点是质轻高强、色彩多样、光洁度高和造型简洁。

金属家具：以金属管材、线材或板材为基材生产的家具。其特点是适用、简练，且适合大批量生产。

竹藤家具：以竹条或藤条编制部件构成的家具。藤竹材料具有质轻高强和质朴自然的特点，而且更富有弹性和韧性，易于编织，又是夏季消暑使用的理

图9-4 现代家具设计

想家具。

玻璃家具：使用钢化玻璃做成的家具。（图9-2 ~ 图9-4）

四、家具设计基本原则

家具是服务于人的，因此家具设计的尺度、形式都要按照人体尺度和人的活动规律来考虑。人与家具、家具与家具之间的关系要协调，并应以人的尺度为准则来衡量，以此为根据决定相关的家具尺寸。

家具设计的基本原则应当是使用舒适而造型美

观，符合室内设计的总体风格。

（一）实用性

首先要满足坐卧贮存等要求，其次表现在运输和存放上，最后要保证有足够的强度、刚度和稳定性，以保证家具在运输、使用和堆放过程中少受损失。

（二）艺术性

家具的艺术性泛指款式和风格等。要使家具美观耐看，必须按形式美的原则来处理家具的尺度、比例、色彩、质地和装饰。而款式与风格则要根据环境的总体要求和使用者的性格、习俗、爱好来决定。

（三）工艺性

工艺性就是要在设计中充分考虑生产加工的可能性。除有特殊要求外，一般家具均应简洁大方、结构合理、便于加工，并要尽量减少手工操作的比例，以降低成本和提高劳动生产率。

（四）商品性

生产是为了销售。为使商品受到欢迎，家具设计者一定要熟悉顾客心理、市场行情，减少设计上的盲目性。

第二节 室内陈设

一、室内陈设的概念

室内陈设或称摆设，是继家具之后的又一室内设计重要内容。陈设品的范围非常广泛，内容极其丰富，形式也多种多样，随着时代的发展而不断变化。但是陈设的基本目的和深刻意义，始终是表达一定的思想内涵和精神文化，并起着其他物质功能所无法代替的作用。它对室内空间形象的塑造、气氛的表达、环境的渲染起着锦上添花、画龙点睛的作用，也是完整的室内空间所必不可少的内容。同时也应指出，陈设品的展示不是孤立的，必须和室内其他物件相互协调和配合，亲如一家。此外，陈设品在室内的比例毕竟是不大的，因此为了发挥陈设品所应有的作用，陈设品必须具有视觉上的吸引力和心理上的感染力。也就是说，陈设品应该是一种有观赏价值的艺术品。

室内陈设浸透着社会生活文化、地方特色、民族气质、个人素养的精神内涵，所有这些，都会在日常生活中表现出来。

二、室内陈设的种类

室内陈设种类繁多，大体可分为四类。一类是纯艺术品，只有观赏品味价值而无实用价值，包括绘画、书法、雕刻、摄影、壁挂、盆景、民间工艺品、各种收藏品和纪念品。二是实用艺术品，基本特点是既有实用价值又有观赏价值，包括茶具、酒具、玩具、灯具、地毯、窗帘、台布、床罩和靠垫等。三是家用日用品，特点是以实用为主，但也在一定程度上影响环境的格局、氛围和特色，如电视和音响等。四是杂品，如专门用于陈列的民族服饰以及贝壳、卵石、干花等。

常用的室内陈设有以下几种：

（一）字画

我国传统的字画陈设表现形式有楹联、条幅、中堂、匾额以及具有分隔作用的屏风、纳凉用的扇面、祭祀用的祖宗画像等（可代替祠堂中的碑位）。所用的材料丰富多彩，如纸、锦帛、木刻、竹刻、石刻、贝雕、刺绣。字画篆刻还有阴阳之分、漆色之别，十分讲究。书法中又有篆隶正草之分。画有泼墨工笔、黑白丹青之分，以及不同流派风格，可谓应有尽有。我国传统字画至今在各类厅堂、居室中广泛应用，并成为表达民族形式的重要手段。字画是一种高雅艺术，也是广为普及和为群众喜爱的陈设品，可谓装饰墙面的最佳选择。(图9-5～图9-8)

（二）摄影作品

摄影作品是一种纯艺术品。巨幅摄影作品常作为室内扩大空间感的界面装饰。(图9-9～图9-11)

（三）雕塑

瓷塑、铜塑、泥塑、竹雕、石雕、晶雕、木雕、

图9-5 字画《红晕映秋日》 王新福

图9-6 字画《敲打音符的色阶》 王新福

图9-7 字画《演义芙蓉花》 王新福

图9-8 字画《悦来枯竹》　王新福

图9-9 摄影《壶口瀑布》　王新福

图9-10 摄影《海拉尔温泉河的日出》　王新福

图9-11 摄影《元阳梯田》　王新福

玉雕、根雕等雕塑工艺是我国传统工艺之一，题材广泛、内容丰富、巨细不等，流传于民间和宫廷，是常见的室内摆设。

雕塑有玩赏性和偶像性（如人、神塑像）之分，反映个人情趣、爱好、审美观念、宗教意识和偶像崇拜等。它属三度空间，栩栩如生，其感染力常胜于绘画的力量。雕塑的表现还取决于光照、背景的衬托以及视觉方向。（图9-12～图9-14）

（四）盆景

盆景是我国独创的艺术类别，距今已有近两千年的历史。它是栽培技术与园林艺术的有机结合，又是自然美与艺术美的完美融合。它是植物观赏的集中代表，有生命的绿色雕塑之称。在室内设计中，精心选用盆景可使环境情趣横生，充满诗情画意，对提高人们的审美素养、陶冶人们的情操都十分有益。

盆景有两大类，一类叫树桩盆景，另一类叫山水盆景。树桩盆景的主体是茎干粗壮、枝叶细小、盘根错节、形态苍劲的植物。按长势又分直干式、蟠曲式、横枝式、垂枝式等多种形式。常用的树种有罗汉松、黄松、六月雪和石榴等。山水盆景以色泽美丽、形状奇特、吸水性强的砂积石、大湖石、钟乳石等为主体，有时还以亭、台、楼、阁、小桥、游船、渔翁作点缀。山水盆景也有诸多形式，如孤峰式、对称式和疏密式等。

（五）工艺美术品、玩具

工艺美术品的种类和用材更为广泛，有竹、木、草、藤、石、泥、玻璃、塑料、陶瓷、金属、织物等。有些本来就是属于纯装饰性的物品。有些是将一般日用品进行艺术加工或变形而成，旨在发挥其装饰作用和提高欣赏价值，而不在实用。他们无论在会堂、居室等大小空间都有用武之地，并能以特有的文化气质为广大群众所喜爱。

（六）个人收藏品和纪念品

个人的爱好既有共性也有特殊性，家庭陈设的选择往往以个人的爱好为转移，不少人有收藏

图9-12 雕塑《茶山女神1》雕塑制作现场

图9-13 雕塑《茶山女神2》 王新福 作品

图9-14 雕塑《茶山女神3》 王新福 作品

各种物品的癖好，如邮票、钱币、字画、金石、钟表、古玩、书籍、乐器、兵器以及各式各样的纪念品，既有艺术品也有实用品。其收藏领域之广阔，几乎无法予以概括归类。但正是这些反映不同爱好和个性的陈设，使不同家庭各具特色，极大地丰富了社会交往内容和生活情趣。

（七）日用装饰品

日用装饰品是指日常用品中，具有一定观赏价值的物品，它和工艺品的区别主要还是在于其可用性。如餐具、烟酒茶用具、植物容器、电视音响设备、日用化妆品、灯具等。

这些日用品的共同特点是造型美观、做工精细、

品位高雅，加上与茶文化、酒文化和书画艺术密切相关，其内涵就更加全面和深刻。因此，不但不必收藏起来，而且还要放在醒目的地方去展示它们。

（八）织物陈设

织物陈设，除少数作为纯艺术品外，如壁挂、挂毯等，大量作为日用品装饰，如窗帘、台布、桌布、床罩、靠垫、家具等蒙面材料。其中以实用功能为主的称实用织物，以装饰功能为主的称装饰织物。它们的材质形色多样，具有吸声效果，使用灵活，其总体要求是防蛀、防皱、易洗、易熨。它们在室内所占的面积比例很大，对其室内效果影响也大，因此是一个不可忽视的重要陈设。

三、室内陈设选择和布置原则

作为艺术欣赏对象的陈设品，随着社会文化水平的日益提高，在室内所占的比重将逐渐扩大，地位也将显得愈来愈重要，并最终成为体现现代精神文明的重要陈设之一。

其选择和布置原则主要是处理好陈设和家具之间的关系，陈设之间的关系，以及家具、陈设和空间界面之间的关系。由于家具在室内常占有重要位置和相当大的体积，因此，一般来说，陈设围绕家具布置已成为一条普遍规律。室内陈设的选择和布置应考虑以下几点：

（一）室内陈设应与室内使用功能相一致

一幅画、一件雕塑、一副对联，它们的线条、色彩，不仅为了表现本身的题材，也应和空间场所相协调。只有这样才能反映不同的空间特色，形成独特的环境气氛，赋予深刻的文化内涵，而不流于华而不实、千篇一律的境地。

（二）室内陈设品的大小、形式应与室内空间家具尺度取得良好的比例关系

室内陈设品过大，常使空间显得小而拥挤，过小又可能使室内产生过于空旷感，局部的陈设也是如此。陈设品的形状、形式、线条更应与家具和室内装修取得密切的配合，运用多样统一的美学原则达到和谐的效果。

（三）陈设品色彩、材质应与家具、装修统一考虑，形成一个协调的整体

在色彩上可以采取对比的方式以突出重点，或采取调和的方式，使家具和陈设之间、陈设和陈设之间取得相互呼应、彼此联系的协调效果。

（四）陈设品布置应与家具布置方式紧密配合，形成统一风格

要形成良好的视觉效果，稳定的平衡关系，空间的对称或非对称，静态或动态，风格和气氛的严肃、活泼、活跃、雅静等，除了其他因素外，布置方式起到关键性的作用。

四、室内陈设的布置方式

（一）墙面陈设

墙面陈设一般以平面艺术为主，如书、画、摄影、浅浮雕等，或小型的立体饰物，如壁灯、弓、剑等。常见的是将立体陈设品放在壁龛中，如花卉、雕塑等，并配以灯光照明，也可在墙面设置悬挑轻搁架以存入陈设品。墙面上布置的陈设常和家具发生上下对应关系，可以是正规的，也可以是较为自由活泼的形式，可采取垂直或水平伸展的构图，组成完整的视觉效果。墙面和陈设品之间的大小和比例关系是十分重要的，留出适当的空白墙面可使视觉获得休息的机会。如果是占有整个墙面的壁画，则可视为起到背景装修艺术的作用了。

（二）桌面摆设

桌面摆设包括不同类型的情况，如办公桌、餐桌、茶几以及略低于桌高的靠墙或沿窗布置的储藏柜和组合柜等。桌面摆设一般选择小巧精致、宜于微观欣赏的材质制品，并可即兴灵活更换。桌面上的日用品常与家具配套购置，选用和桌面协调的形状、色彩和质地，常能起到画龙点睛的作用。

（三）落地陈设

大型的装饰品，如雕塑、瓷瓶、绿化等，常落地，布置在大厅中央，常成为视觉的中心，最为引人注目；也可放置在厅室的角隅、墙边、出入口旁、走道尽端等位置作为重点，起到视觉上的引导作用和对景作用。

（四）橱柜陈设

数量大、品种多、形色多样的小陈设品，最宜采用分格分层的隔板、博古架，或特制的装饰柜架进行陈列展示，这样可以达到多而不繁、杂而不乱的效果。布置整齐的书橱书架，可以组成色彩丰富的抽象图案效果，起到很好的装饰作用。壁式博古架应根据展品的特点，在色彩、质地上起到良好的衬托作用。

（五）悬挂陈设

高大的厅室常悬挂各种装饰品，如织物、绿化、抽象金属雕塑、吊灯等，弥补空旷空间的不足，并有一定的吸声或扩散的效果。居室也常利用角隅悬挂灯具、绿化或其他装饰品，既不占面积又装饰了枯燥的墙边角隅。

第三节 居室内各主要区间的家具与陈设应用

一、门厅

可选择低柜和长凳，低柜属于集纳型家具，可以放鞋、雨伞等，柜子可以放钥匙、背包等物品。长凳作用是方便换鞋，休息等。隐蔽式鞋柜，衣帽架和穿衣镜造型应美观大方。(图 9-15)

图9-15 门厅家具与陈设

二、客厅

  家具选择要根据房间大小，大房间宜选择庄重、大气的，小房间宜选择小巧、轻盈的。注意品质、样式以简洁的风格为主。主要配置沙发、茶几、椅子等，有的客厅还放置了酒吧台。布置时可选择清一色木质家具；或以皮（或布）沙发配木质茶几与电视柜；或以皮（或布）沙发配金属玻璃茶几与电视柜；还可以全部或部分采用藤制家具。其中沙发的布置有一番讲究：面对式，指的是沙发放置在茶几的两边，与电视柜相对，形成对话状态，营造自然而亲切的气氛；L式，指电视柜布置在沙发的对角处或陈设于沙发的下对面，能在有限的空间放置多个座位的较为方便的形式；U式，指沙发和椅子布置在茶几的三边，开口向电视柜或其他在客厅中最吸引人的装饰品，这种布置能营造庄重气派又亲密温馨的氛围。

  客厅的陈设较多，根据主人职业、爱好的不相同，可能出现钢琴、鱼缸、雕塑、绘画、书法、挂毯等。（图9-16）

图9-16a 客厅家具与陈设

图9-16b 客厅家具与陈设

图9-16c 客厅家具与陈设

三、餐厅

餐厅面积比较小，因此家具的摆放与布置必须为家庭成员活动留出合理的空间，摆放家具主要以餐桌椅为主。餐厅家具的款式、色彩、质地都要精挑细选。餐桌常用方桌或圆桌，高度以750mm上下为宜，方桌容易与空间结合，圆桌能够在最小的面积范围容纳更多的人。座椅坐面高度以430mm上下为宜，结构应求简单，最好使用折叠式，增强使用上的机动性。家具要与餐厅色彩相一致，应配餐饮柜，存放餐具。在餐桌旁的墙上，最好挂一幅静物画，展现一种文化品位。（图9-17）

四、卧室

卧室家具的选择应考虑卧室的面积、形状、格局、人数及朝向等方面的因素，然后根据实用的目的和全面的综合因素来选择家具的种类和款式。

具有双重功能的家具能有效地节省空间，如带抽屉的床、靠窗的座位、带抽屉的桌子或者是放在橱柜里的折叠桌。如果将橱柜的门改为推拉门，把凸出的拉手换成镶嵌式的，将有效节省很多空间。

卧室中最主要的功能区域是睡眠区。这个区域的主要家具是床和床头柜，并且要设置照明良好的床头局部照明光源，使之能满足床头阅读的需要。

图9-17a 餐厅家具与陈设

图9-17b 餐厅家具与陈设

图9-17c 餐厅家具与陈设

图9-17d 餐厅家具与陈设

睡床的摆放要讲求合理性和科学性。其次是考虑卧室内梳妆区域的梳妆台、镜子凳的空间布置。为增强光线和控制私密性，卧室还可以布置一些柔和舒适的织物窗帘，可分内外两层，外面一层需用质地厚实、遮光效果好的面料，里面一层可采用轻盈的薄型纱类窗帘。(图9-18)

五、书房

书房应配置书架、书橱、书桌、椅子等。书架、书橱是书房的核心，样式和布局与主人爱好有关系。书少时可用书架，书多时用书橱，但两者都应该靠近书桌。书桌应置于窗前或窗户右侧，保证光线充足。中式家具可加上软垫。书房还可配放沙发茶几，沙发放在房间中间，沙发后放置低橱架。此外还可配以办公用品如电话、电脑和笔墨纸砚。(图9-19)

图9-18a 卧室家具与陈设

图9-18b 卧室家具与陈设

图9-19a 书房家具与陈设

图9-19b 书房家具与陈设

六、厨房

厨房家具与卧室家具一样，已成为现代家庭生活物质文明和精神文明的标志。

厨房主要家具有操作台、冰箱、橱柜、厨具等。按照工作三角（一般指冰箱、水槽、燃气炉具）的位置加以规划和调整，使厨房变得既美观又实用。操作台的高度应在 700 ~ 900 mm 之间，深度不低于 450 mm，这样便于人们烹饪和配餐。橱柜应在操作台的下面和上面，通常称为吊柜，深度应不大于 400 mm，这样便于人们取放食品和用具。

厨房家具组合配套也广泛进入家庭生活，以形成厨房用具系列化，诸如电饭煲、电热水箱、洗碗机、粉碎器、电子打火煤气灶、排气罩等共同构成系列用品，有的厨房家具还配设简易的消防器具，起到安全防范的作用。（图 9-20）

图9-20a 厨房家具与陈设

图9-20b 厨房家具与陈设

七、卫生间

卫生间家具综合了便池、洗手盆、浴室柜、龙头、镜子、镜前灯、隔物架等卫生间元素，使得这些元素实现设计与功能的合二为一。卫生间家具已经成为现代浴室设计的一个新指标。

卫生间家具通过搁物板、储物柜、地柜等多个元素，将卫生间的空间进行合理的划分，从而使洗漱、化妆、更衣等功能明显分开，还增强了卫生间的储纳能力。卫生家具有落地式和悬挂式两种。落地式尤其适用于空间较大且有干湿分离的卫生间，而悬挂式最大的特色就是节省空间。洗手盆可选择面盆或底盆，二者使用功能差不多。镜子当然是愈大愈好，因为它可充分扩大小卫生间的视觉效果。浴室柜主要是用于贮存梳妆、浴巾、卫生器材等物品的。有些家庭则布置了洗面化妆组合柜，把洗脸用的水池和存贮柜结合起来。(图 9-21)

图9-21a 卫生间家具与陈设

图9-21b 卫生间家具与陈设

10

居室绿化设计

10　居室绿化设计

苏东坡曾说："宁可食无肉，不可居无竹。"随着城市化进程的加快和建筑物的增加，室外环境的质量在不断下降，人与大自然的分离现象也日趋严重。于是人们便养花种草，在居室中栽培各种植物，希望能以此在室内欣赏到大自然的景象，让生机盎然的绿意祛除工作和生活中的倦意。

在居室设计中，人们把回归自然的倾向转化为两种途径，一是尽量引入自然光、自然风，通过加强内外空间联系，将室外自然景观引入室内。二是在室内直接配置绿化，使居室设计室外化。

第一节 居室绿化设计概念和作用

一、居室绿化设计的概念

居室绿化设计是居住空间设计的一部分，主要是运用艺术手法把各种植物的所有元素组合起来，以美的形式使园林植物的基本特征和形象美在室内得到充分的发挥，创造出美的室内环境。完美的居室植物景观设计必须具备科学性和艺术性高度统一的条件，既要满足植物与环境在生态适应性上的统一，又要通过艺术构图原理，体现出植物个体和群体的形式美和人们在欣赏时所产生的意境美，同时还要考虑文化性、实用性。

二、绿化在居室中的作用

绿化作为居住空间设计的要素之一，在组织、装饰、美化居室上起着重要作用。

（一）净化空气，吸收有害气体，调节室内小气候

居室中的植物被人们誉为家庭环境的卫士，主要是因为植物叶面有无数的气孔，可以吸收空气中的二氧化硫、氟、氯等有害气体，通过新陈代谢释放出氧气，起到净化空气的作用。另外植物的叶片

上有成千上万的纤毛，能截留住空气中的飘尘微粒，清洁室内空气。研究表明，配置较好的居室绿化，可减少20%～60%的尘埃。一盆鸭趾草6小时可吸收地板、家具释放出的一半甲醛。在24小时照明的条件下，芦荟可消灭1 m³空气中所含90%的甲醛。月季、蔷薇、万年青能有效清除三氯乙烯、硫化氢、苯、苯酚、氟化氢和乙醚。

居室环境是人类生活环境中的一个局部，故常把其中的气候条件称为小气候。湿度是室内小气候的重要条件，用绿化调节室内湿度很有效。植物通过蒸腾作用及栽培基质的水分蒸发，能够向空气中释放出水汽，从而加大室内的湿度。如绿巨人等大型的观叶类植物，蒸腾作用强，可调节室内的空气湿度，增加空气中的负离子含量。

此外室内绿化还能够吸音，并能遮挡阳光，吸收辐射，起到隔热等作用。在夏季绿色植物可以遮阳隔热；在冬季绿色植物通过新陈代谢的作用，可使室内形成富氧空间，在人与植物之间保持氧气与二氧化碳的良性循环。另外有些植物散发出的气味有助于人体的健康，还有些室内植物具有提供新鲜食用蔬菜、水果和花卉的功能。

（二）放松身心，维持心理健康

人的大部分时间是在住宅中度过的，室内环境封闭而单调会使人们失去与大自然的亲近关系。人性本能地对大自然有着强烈的向往，人的性格也与某些植物特性相联系，于是便有兰花的清丽、荷花的高洁、梅花的傲骨、竹子的正气、松柏的坚韧等说法。人们可以通过室内绿化来实现对自然的渴望，因为植物是大自然的产物，最能代表大自然。在居室的绿化设计中，把大自然的花草引入室内，使人仿佛置身于大自然之中，从而达到放松身心、维持心理健康的作用。

（三）美化室内环境

美化作用主要有两个方面：一是植物本身的美，包括它的色彩、形态和芳香；二是植物与室内环境恰当地组合、有机地配置，从色彩、形态、质地等方面产生鲜明的对比，从而形成美的环境。

墙面、地面大多是植物的背景，在背景衬托下，红花绿叶更加鲜艳。植物的形态全是自然的，形状各异，高低不同，疏密相间，与室内家具的几何形体形成鲜明的对比，使光滑而呆板的家具平添几分生活情趣，使居室充满动感和生机。花草树木质地粗糙，凸凹变化明显，与光洁细腻的材料搭配，能使环境更加丰富，更有层次。绿色植物的形、色、质、味，还有其枝干、花叶、果实，总以一种蓬勃向上、充满生机的姿态，给人以热爱自然、热爱生活、奋发向上的勇气和力量。有人曾经统计，在绿色的环境中工作，工作效率可提高 20% 左右。

（四）柔化空间，限定和分隔空间，引导空间

室内绿化的连续和延伸，特别是在空间的转折、过渡、改变方向之处，既能有意识地强化其突出、醒目的效果，又能通过视线的吸引，起到暗示和引导空间的作用。另外，五彩缤纷、柔软飘逸、生机勃勃的树木花卉，可以与冷漠、僵硬、刻板的建筑几何形体形成鲜明的对照，使生硬的建筑空间体现出柔美的生活感。

1. 柔化空间

现代建筑空间大多数是由直线形和板块形构件所组成的几何体，生硬冷漠，特别是有很多角落比较难处理。利用植物特有的曲线、多姿的形态、柔软的质感、悦目的色彩和生动的影子，可产生柔和的情调，从而改善大空间空旷、生硬的感觉，使人有尺度宜人和亲切之感。

2. 限定和分隔空间

居室由不同功能的空间组成，采用绿化手法可限定和分隔空间，而且能够使各部分既保持各自的功能作用，又不失整体空间的开敞性和完整性。其手法可以选用形象形态较为一致的盆花连续排列，组成带式、折线式等，起到区分室内不同功能，限定和分隔空间的作用。

3. 引导空间

由于室内绿化具有观赏的特性，能强烈吸引人们的注意力，因而能够含蓄巧妙地起到提示和指示的作用。在入口、楼梯及主要的活动区域两侧，可

以栽培大型绿色植物，利用植物作为标志有效地进行空间的提示和指向。

现代化的生活使人们更加意识到室内绿化的重要性。家庭绿化设计应有科学的规划和指导，应根据居室的功能，面积的大小，光、热、湿的不同来进行不同的设计。

第二节 绿化植物的分类和布局形式

一、室内绿化素材

用于室内绿化的植物种类特别多，从欣赏的角度可分为：

（一）观叶植物

室内观叶植物的形态各异，且大多原产于热带、亚热带地区，具有一定的耐阴性，适宜在室内散射光条件下生长，因此观叶植物成为室内绿化的主要植物。常选择的观叶植物有南天竹、大花蕙兰、芦荟、仙人掌。（图10-1～图10-4）

图10-1 南天竹　杨德全 摄

图10-2 大花蕙兰　王新福　摄

图10-3 芦苇　王新福　摄

图10-4 仙人掌　王新福　摄

（二）观花植物

与观叶植物相比，观花植物要求较为充足的光照和较大的昼夜温差，才能使植物储备养分以促进花芽发育，因此室内观花植物的布局会受到一定限制。

观花植物的选择首先要考虑开花季节和花期长短，其次是室内观花植物花期有限，应首先选择花叶并茂的植物，在无花时可以让具有较高观赏价值的叶给予补偿。常用的观花植物有杜鹃、美人蕉、绣球花、蝴蝶兰、油菜花、仙客来、欧石楠花等。

（图10-5 ～图10-11）

图10-5 杜鹃　王新福　摄

图10-6 红色美人蕉　王新福　摄

图10-7 绣球花　王新福　摄

图10-8 蝴蝶兰　王新福　摄

图10-9 川美"油菜花"　王新福　摄

图10-10 仙客来　王新福　摄

图10-11 欧石楠花　杨德全 摄　　　　　图10-12 广柑树　王新福 摄

（三）观果植物

与观花植物相似，观果植物要求充足的光照和水分，否则会影响果实的大小和色彩。作为观赏的果实应具有美观奇特的外形或鲜艳的色彩，如广柑、虎头柑等。（图10-12）

（四）其他植物

其他植物作为背景，包括藤本和蔓生植物，在室内装饰时常用柱、架、棚等使藤本植物攀援其上。常用作吊盆栽植的有白蝴蝶、绿萝等。

二、居室绿化设计的布局形式

居室绿化设计的布局可按点、线、面三种方式布局。

（一）点状绿化

点状绿化就是独立或成组集中布置，往往布置于室内空间的重要位置，成为视觉的焦点，所用植物的体量、姿态和色彩等要有较为突出的观赏价值。

点状绿化的原则是突出重点，切忌在周围堆砌与其高低、形态、色彩相近的器物。点状绿化的植物可放在地上，也可放在桌上、案上和柜上，还可以吊在空中。点状绿化可分为孤植式、对植式、群植式、攀援式、下垂式、悬吊式和镶嵌式。

孤植式是指单株种植配置，适宜于室内近距离观赏。其姿态、色彩要求优美、鲜明，能给人以深刻的印象，多用于视觉中心或空间转变处。应注意其与背景的色彩与质感的关系，并有充足的光线来体现和烘托。

对植式常放在通道入口，楼梯或自动扶梯两侧。由于轴线突出，具有一定的庄重感。对植式通常都是对称的，如果不对称，也要保持基本均等的态势。

群植式是同种花木组合群植。它可充分突出某些花木的自然特性，突出园景的特点，如竹丛；另一种是多种花木混合群植，意在表现差异性。其配置要求疏密相间，错落有致，景色层次丰富，增加园林式的自然美。一般是姿美色艳的小株在前，形大色浓的在后。

另有攀援式、下垂式、悬吊式，可布置在门窗边沿、柱子的四周、走廊、框架之上，自然形态与人工形态形成动静之美，起到美化空间的作用。

（二）线状绿化

直接植于地面的绿篱，连续摆放的盆栽，串联起来垂吊于窗外的观花及观叶类植物，或直或曲的花槽等都属线状绿化。

线状绿化作用在于分隔空间或强调空间的方向

性。配置时要顾及空间组织和形式构图的要求，并以此作为依据，决定绿化的高低、长短和曲直。

线状绿化通常选用观叶类植物，因为其易于管理，四季常青，且植物形态不占用太大空间。观花类植物也可作为选择，但因花期的限制，最好根据不同季节变换花的品种。线状绿化在客厅、窗台、阳台中使用率较高。

（三）面状绿化

面状绿化是指体积不大的盆栽密集地聚在一起，形成一定面积或区域的绿化装饰。强调量大，大多用作室内空间的背景绿化，起陪衬和烘托作用。它强调的是整体效果，所以在体、形、色等方面应考虑其总体艺术效果。面状绿化宜选用花卉类植物，因花卉类植物体积不高，有花团锦簇之感。客厅常采用面状绿化。

（四）填充绿化

居室内有许多角落，如沙发、座椅的背后，摆放家具剩余的空间，墙角及楼梯边等，这些地方可用相应的植物来填充，这样不仅能使空间更充实，还能打破生硬感。可用乔木或灌木柔软的枝叶覆盖室内的剩余空间；可以让蔓藤植物修长的枝条吊垂在墙面、框、橱、书架上；在墙角、沙发一隅放置大片的宽叶植物，会使室内空间相映生辉、充满活力。

第三节 居室绿化设计的基本原则

植物也同一般构件和陈设一样，运用应符合一般美学原理。同时，还必须与其他诸多因素取得整体的和谐，从而满足房间功能和人们的需要。具体地说居室绿化设计原则应从以下方面考虑：

一、美学性原则

美，是室内绿化设计的基本原则。必须依照美学的原理，通过艺术设计，明确主题、合理布局、分清层次、协调形状和色彩，才能收到清新明朗的艺术效果。为体现居室绿化艺术美，必须通过一定

的形式，使其达到风格和谐、色彩调和、质地相互衬托、构图合理的效果。

（一）风格和谐

居室绿化要与建筑风格和整个居室的格调、家具式样以及地面等因素有机结合，才能体现整体的和谐。在古色古香的居室内用苍劲的松柏盆栽或是盆景来装饰会显得统一、和谐。西式格调的客厅，宜选用棕榈类、橡胶榕或立柱式盆栽。若是江南风格的环境，则可以配置几丛翠竹，显得灵秀清雅、超凡脱俗。特别要注意的是避免同类植物等量的重复，又要防止品种过多，而产生杂乱无章的感觉。

（二）色彩调和

居室绿化在对植物色彩的配置上，应首先考虑室内环境色彩，如墙壁、地板、家具等。如环境是暖色，则应选偏冷色的植物，反之则用暖色植物；如果环境色彩较为丰富，植物的色彩应该简洁，而环境色彩较为单一时，可以适当用丰富的植物色彩加以补充；背景如果是淡色调的，可以采用叶色较为深沉的室内观叶植物或者是颜色艳丽的花卉来做布置，突出布局的立体感。色调还应随着季节的变化而变化，春暖宜艳丽，夏暑要清淡，仲秋宜艳红，寒冬多青绿。特别是在喜庆的日子里，应该摆一些鲜艳的植物，用以增添欢愉气氛。其次要考虑居住空间大小和采光高度，空间大、光度好的应用暖色花木；反之宜用冷色。

（三）质地的相互衬托

合理的植物配置同家具的材质对比，必然产生各自不同的肌理效果，并互相衬托照应，产生一种回归自然的独特意境。不同风格的居室采用与之相宜的室内植物，更加能够烘托出居室的气氛。

植物质感大致可分为粗、中、细三类。质感细的植物通常有较小的枝叶并呈精致的形态，如竹芋、文竹等；中等质感的植物有中型的枝叶，如龙血树、一叶兰等；质感粗的植物有粗大的枝叶，如棕榈、橡皮树、变叶木等。设计中可根据不同的环境要求选择不同质感的植物组合来提供情趣和增添变化。

（四）构图合理

构图是将不同形状、色彩的物体按照美学的观念组成一个和谐的景观。它是装饰工作的关键问题。在构图时我们应注意三方面的问题，其一是布局均衡，以保持稳定感和安定感。布置均衡包括对称均衡和不对称均衡两种形式。人们在居室绿化装饰时习惯于对称的均衡，如在走道两边、会场两侧摆上同样品种和同一规格的花卉，显得规则整齐、庄重严肃。与对称均衡相反的是自然式装饰的不对称均衡。如在客厅沙发的一侧摆上一盆较大的植物，另一侧摆上一盆较矮的植物，同时在其邻近花架上摆上一悬垂花卉。这种布置虽不对称，但却给人以协调感，视觉上有二者重量相当之感，仍认为均衡。

其二是比例尺度适宜，由于室内空间大小不一，在绿化设计中，植物的选取首先要充分考虑空间宽度和陈设物的多少及其体量等，同时还要留给室内植物足够的生长空间及光照条件。也要照顾到人的视觉感受，植物体型太高太大会产生一种压迫感和窒息感，太小太低则显得疏落而单调，都难以达到预期的绿化作用。比如空间大的位置可选用大型植株及大叶品种，以利于植物与空间的协调；小型居室或茶几案头只能摆设矮小植株或小盆花木，这样会显得优雅得体。

其三是主体突出，居室绿化要主次分明、中心突出。在同一方位内的空间有主景和配景之分，主景是布置的中心，必须醒目，要有艺术魅力。主景是艺术主体，体现主人思想情感，如以松为主景，体现主人坚强不屈的性格。

在掌握这三个基本点的基础上，再具体考虑植物的大小，它与所在空间的位置关系，自然景物之间的组合，以及所受到的辅助设施的影响，等等，有目的地进行室内绿化装饰的构图组织，实现装饰艺术创作。

二、科学性原则

植物在自然界中已经形成自己的生活特性。居室植物的选配首先要了解植物的生活习性（温度、光照、湿度等），然后结合室内环境的具体条件，科学地选用能适应室内环境的植物种类或品种。

（一）温度

根据植物对温度的要求不同可分为：（1）高温型植物：越冬温度不能低于10℃，如变叶木、龙血树、竹芋等；（2）中温型植物：越冬温度在5℃~10℃，如绿萝、文竹、豆瓣绿、龟背竹、蕨类植物等；（3）低温型植物：越冬温度在0℃~5℃，如吊兰、橡皮树、一叶兰、水仙等。植物生长的最佳温度为15℃~25℃，所以居室一般要选用低温型植物（生长最低温不低于3℃~5℃）。

（二）光照

光照对植物生长的影响较大。居室光照条件较差且分布不均，通常是因为室内自然光照主要从窗户照射进来——靠窗处光照良好，远离窗户的地方光照微弱。在窗户附近光强的地方，可配置需光量大的植物种类，甚至是少量观赏花种类，如三叶花、白兰花、碧桃、月季、丁香、鱼尾葵等；当有窗帘遮挡时，可植虎尾兰、吊兰等稍耐阴的植物；在远离窗户光弱的室内四个墙角，宜配植耐阴的喜林芋、苏铁、罗汉松、棕竹、八角金盘、常春藤、女贞等。

（三）湿度

空气湿度显示空气中水蒸气的含量，随环境、季节、天气的不同而不同。兰科植物、蕨类植物、天南星科以及其他热带雨林植物需要空气湿度高的环境，仙人掌科以及其他多浆植物则无需更多的空气湿度，否则会发霉腐烂。

在进行室内绿化设计的时候只有科学地认识植物的生长习性，结合植物的观赏特性才能使装饰植物永葆绿色，才能带给人类无尽的生机，使人们真正亲近自然，回归自然。

三、实用性原则

居室绿化设计要为居住空间的性质和功能服务，不同的功能空间，绿化选择和布置也不一样。如书房是读书和写作的场所，应以摆设清秀典雅的绿色植物为主，从而创造一个安宁、优雅、静穆的环境；不宜摆设色彩鲜艳的花卉。而门厅是客人到来时看到的第一个地方，则可用艳丽的植物营造一种欢快、热烈的欢迎气氛。

四、经济性原则

居室绿化设计要求经济可行，而且能保持长久。设计布置时要根据室内结构、建筑装修和室内配套器物的水平，选配合乎经济水平的档次和格调，使室内"软装修"与"硬装修"相协调。同时要根据室内环境特点及用途选择相应的室内观叶植物及装饰器物，使装饰效果能保持较长时间。

五、文化性原则

中国历史悠久，文化灿烂，很多古代诗词及民众习俗中都留下了赋予植物人格化的光辉篇章。传统的松、竹、梅配置形式谓之"岁寒三友"，因为人们认为这三种植物具有共同的品格：苍劲古雅、不畏霜雪风寒的恶劣环境，具有坚贞不屈、高风亮节的品格。还有兰花象征忠诚、崇高，荷花象征纯洁和廉洁朴素的性格，百合表示百年好合、百事合心。因此在进行室内植物造景时，可以根据主人的性格、兴趣、爱好选择植物种类，真正使室内植物造景达到科学、艺术和文化的统一。

第四节 居室主要区间的绿化运用

现代化的生活使人们更加意识到居室绿化的重要性。根据不同的居室装饰特点，房屋面积的大小，各居室光、热、湿的不同，家庭绿化设计应有科学的规划和指导。

一、客厅

客厅是接待宾客来访及家人聚集活动的地方，设置的植物要显示出端庄大方、优雅舒适的特点。对于空间较大的客厅，在入口醒目处摆设形体较大而庄重的插花或盆景，如锦松、罗汉松等，在起到迎宾作用的同时，还具有一定的导向性。客厅中央

可放置一两盆较为高大的南洋杉、苏铁等来分割空间；在窗边、沙发边、墙角、柜旁的地面上摆放一些大型花卉，如龟背竹、橡皮树、棕竹、鹅掌柴等，填补空间中转角部位的空旷，同时能产生庄重、大气感觉。

在茶几、桌面上可摆放插花或盆栽花卉，但位置不应放在客人与主人之间，以免影响主客之间视线的交流，防止产生不便和分隔之感。

此外植物的色调、质感也要和客厅的色彩合理搭配。如果室内空间环境的色彩浓重、明度较低，则植物色调应浅淡些，如广东万年青，叶面绿白相间，非常柔和；如果环境色彩淡雅，植物的选择性相对要广泛些，叶色深绿、叶型硕大的植物和小巧玲珑、色调柔和的植物都可以选用。

二、餐厅

用餐是每个家庭生活中必不可少的活动内容。餐厅要求卫生、安静、舒适，而餐室的绿化应充分考虑节约面积，有助于增进食欲、融洽感情。

选择的植物要求清洁无病斑，种类较丰富。餐桌上以摆放观叶植物为佳，易落叶的如羊齿类应尽量少用；花粉多的也应谨慎使用，避免影响进食；香味过浓也不宜。

在餐柜顶上放置一些垂吊花卉是最常见的装饰手法，如吊兰、椒草类、合果芋类等植物。由于红色、黄色等暖色调有开胃、引起食欲的效果，所以将开红、黄的暖色花朵的植物放在餐台上，如百子莲、仙客来、郁金香、杜鹃等，会增添意想不到的情趣。还可制作一些插花，布置在餐台中央。在餐厅角落可摆放凤梨类、棕榈类等叶片亮绿的观叶植物或色彩缤纷的中型观花植物。

三、书房

书房是读书、写作的地方，应营造宁静的氛围。宜选用文竹、吊兰、龟背竹和各类小型盆景。为了与主题吻合，书房的家具可选用原木制作。为了打破单调的氛围，缓解疲劳，选择颜色较鲜艳的仙客

来放在书桌上，并在旁边的书柜上摆放几小盆棕竹比较适宜，这使得绿化层次分明、形式多样，便于人们在案牍劳神之暇欣赏。

四、厨房

厨房陈设植物应保证叶面清洁，无病虫害，不能使用不洁栽培基质，以防滋生细菌。宜选用抗油烟污染能力强、耐水湿的植物，如万年青、芦荟、吊兰、仙人掌等，并以小型盆栽为主，避免碰倒。

五、卧室

卧室是休息和睡眠的地方，应创造宁静、温馨、休闲和舒适的气氛。绿化植物以观叶植物为主，观花植物为辅。较为宽敞的卧室可使用站立式的大型盆栽，小些的卧室可选择吊挂式的盆栽。

不可选香味浓郁、色彩艳丽和枝叶过于高大的植物，否则会刺激大脑皮层，使人兴奋，影响睡眠。植物绿化不宜过多，因为植物绿叶夜间吸收氧气呼出二氧化碳，容易导致室内缺氧，所以应放置芦荟、虎尾兰和仙人掌等夜间放氧类植物。

六、卫生间

卫生间的环境特点是光线暗、空气湿度大、有异味，所以应选择耐阴、耐湿、耐热的植物。叶面要求无刺无毛，如肾蕨、铁线蕨等蕨类植物最为合适。

可在窗台、储水箱上摆放小盆花卉来形成点状绿化，或在排水、进水管上吊挂垂吊花卉，如吊兰、吊竹梅等形成线状绿化。另外，考虑到卫生间有异味，可选择芳香味植物。

七、阳台和窗台绿化

阳台绿化是居家绿化的重要内容。常用绳索、竹竿、木条或金属线材构成一定形式的网架、支架，选用缠绕或卷须型植物攀附形成绿屏或绿棚；可放置观叶、观花、观果等各种喜光植物，如月季、石榴、一串红等；还可充分利用空间，立体配置绿色植物，如各种藤类。

窗台也是布置绿化的好场所，在窗台上悬吊绿化植物，可以柔化单调僵硬的建筑线条，使其显示出生机和活力。在窗台上设置种植槽，槽内种植色彩鲜艳的四季花草和小型灌木，效果更为理想。

参考文献：

[1] 陈华新，李劲男. 建筑室内设计 [M]. 北京：中国电力出版社，2008.

[2] 程宏，樊灵燕，赵杰. 室内设计原理 [M]. 北京：中国电力出版社，2008.

[3] 邱晓葵. 居住空间设计营造 [M]. 北京：中国电力出版社，2010.

[4] 王大海. 居住空间设计 [M]. 北京：中国电力出版社，2009.

[5] 田然. 现代家居设计与应用 [M]. 沈阳：辽宁美术出版社，2007.

[6] 高钰，孙耀龙，李新天. 居住空间室内设计速查手册 [M]. 北京：机械工业出版社，2009.

后记

居住空间设计，是目前中国最热门的环艺教学课程之一。在各大艺术院校的招生专业之中，环境艺术设计专业招生的分数要求也是相当高的。

首先，社会对专业人才的需求量较大，需求范围主要集中在各大院校、科研机构、各设计院校及建筑、环境、装饰等单位团体。其次，专业系统学习与培养，提高了学习者的思想境界，挖掘出纵向思维的素质与修养。学生在学成毕业之后，自主创业的人数较多，主要集中在房屋开发、物业及酒店管理、建筑装饰设计与施工、景观设计与工程施工，以及建筑装饰材料的生产与加工、精品艺术设计等相关领域。

本教材在编写过程中，重点强调了理论与实践相互穿插，注重国内外知识的延伸与借鉴，寻求从古至今纵横交错的教学思想，结合现代教学的诸多手段，采用立体交叉的教学方式，刻意从多视角与多思维的教学目标进行教育与培养。

本书所强调的立体交叉的教学方式有以下几种教学方式：

1. 比较性教学方式

首先，将古人的居住价值观与现代人的居住价值观相比较，从理论的学习到实际的应用进行分析总结；其次，将世界不同国家、不同地区与不同民族的居住空间行为进行比较学习；最后寻求传统工艺和传统材料与新工艺和新材料的比较学习。在现代文化的发展中，人们开始进一步探索居住空间与环境艺术的问题，比较性扩展到文化、社会、心理、行为、生态、美学等领域的学习中。

2. 社会实践性教学方式

面对现代城市整体视觉环境的恶化和对自然环境的不断破坏，人们不再仅仅停留在满足居住的条件上。对居住空间与居住环境，特别是针对整体性空间环境的设计，提出了更高的要求。本书从多个实践角度出发，对居住空间设计、内外环境设计的层面与要素进行社会实践的探讨，试图建构一个可分析和可操作的实践框架。在居住空间设计过程中，从建筑结构的空间特点出发，更好地去塑造室内空间设计，让社会实践性教学具有不可替代的视觉实践性影响力。

3. 创新型教学手段的探索

（1）教学方法的创新

本书寻求教学方法的创新，主要运用多样化教学手段，从多角度刺激学生的视、听感官，引起学生对学习对象的喜爱。教学中注重营造教学的创新环境，教师在教学时善于发现学生所潜藏的积极因素，授课中保持幽默与和蔼可亲的态度，使学生由被动式学习向主动式探索转变。教学中充分挖掘教材、教具等条件的合理搭配使用，教师可以创设逼真的合作性教学情境，激发学生在学习上的创新思维。

（2）教育理念的创新

全新的引导性教学，教师由"教"者转变为"导"者。学生提出问题的时候，最需要的帮助，必然是教师所给予的指"导"。学生提出一个问题比解决一个问题更为重要。具有创新理念的教师眼中的学生，应该是千差万别的、各具特色的、活生生的个体。

（3）教学内容的创新

有趣的学习内容会激发学生对教学产生极大的兴趣，教师的创新行为就要求在教学时突出这个"趣"字。教师有意识地引导学生以熟悉的生活背景（例如单身公寓等）进行设计，学生会主动与积极地去探索。同时，尽最大努力为学生创造愉悦的学习氛围，化静态为动态、化抽象为具体。此外，通过计算机演示设计，创造出生动直观的画面。

居住空间设计是一种认知过程，设计的感染力与设计师的情感有着紧密的关系。设计师强烈的创作欲望必将极大地调动起自己的生活经验和文化素质。设计师一定要把握住时代的脉搏和民族的个性，设计出即有时代感又兼有民族性的作品。设计师要以独特的眼光进行创意性的设计，充分显示崭新的风格。

目前中国的居住空间，不再由过去的单元式空间格局所掌控，由于人口的增长和生活质量的迅速改变，中国人的生活方式以及居住方式，越来越向宽松型的方向发展，居住空间设计整体的多元化和部分个性化的方向，使人们对设计形态、设计情感提出了更高的要求。创新意识所渲染的形式和氛围，在居住空间设计的过程中是不可缺少的重要因素。设计师需要发挥其独创性，运用与众不同的表现形式和表现手法，造就一种应变能力，在人家走过的老路的基础上发展出更具特色的"新路"。

该书不仅可供大专院校环境艺术设计专业学生自学使用，同时也可为广大居住空间设计师提供有益的参考借鉴。